COURS
D'ARITHMÉTIQUE

A L'USAGE DES ÉCOLES RÉGIMENTAIRES

DU GÉNIE,

RÉDIGÉ D'APRÈS LE PROGRAMME DU COMITÉ,

(COURS N° 2 ET 3.)

PAR J. KIÆS,

Ancien Élève de l'École Polytechnique, Professeur de Mathématiques à l'École régimentaire du Génie d'Arras.

PREMIÈRE ÉDITION.

ARRAS,

Typographie et Lithographie d'Alphonse BRISSY, rue des Capucins, 22.

MDCCCLV.

COURS

D'ARITHMÉTIQUE.

C.

COURS
D'ARITHMÉTIQUE

A L'USAGE DES ÉCOLES RÉGIMENTAIRES

DU GÉNIE,

RÉDIGÉ D'APRÈS LE PROGRAMME DU COMITÉ,

PAR J. KIÆS,

Ancien Élève de l'École Polytechnique, Professeur de Mathématiques à l'École régimentaire du Génie d'Arras.

PREMIÈRE PARTIE,

CORRESPONDANT AU PROGRAMME DU COMITÉ POUR LE COURS N° 2.

PREMIÈRE ÉDITION.

ARRAS,

Typographie et Lithographie d'Alphonse BRISSY, rue des Capucins, 22.

1855.

AVANT-PROPOS.

Lorsqu'un professeur de mathématiques s'adresse à des élèves qui ne doivent pas faire des sciences une étude toute spéciale, il doit se renfermer dans un juste milieu souvent difficile à garder : s'il entre dans de trop grands développements théoriques, il risque de fatiguer l'attention des élèves, de leur faire perdre de vue la question principale qui est pour eux la pratique, ou bien d'exiger de leur part un travail plus long et plus pénible que ne le comportent les circonstances dans lesquelles ils se trouvent; s'il laisse toute théorie de côté, il fait d'une science toute de raisonnement une question de mémoire, et, en n'utilisant pas l'intelligence des élèves, il se prive du meilleur instrument qui puisse le faire arriver à de bons résultats. En rédigeant ce cours d'arithmétique, nous avons pris à tâche d'éviter ces deux écueils : nous nous sommes écarté de ces ouvrages par trop élémentaires où l'absence de raisonnement laisse un rôle trop pénible à la mémoire, mais nous n'avons employé la théorie que pour conduire les élèves plus rapidement et plus sûrement à la pratique et les mettre en état de résoudre eux-mêmes, par suite de l'habitude qu'ils auront acquise du raisonnement, les problèmes si nombreux, si variés et souvent si difficiles de l'arithmétique. — Avons-nous réussi ? l'expérience décidera.

COURS

D'ARITHMÉTIQUE.

PREMIÈRE LEÇON.

DÉFINITIONS.

GRANDEUR OU QUANTITÉ. On appelle grandeur ou quantité tout ce qui est susceptible de composition et de décomposition ; exemple : le temps, les longueurs, les surfaces, etc.

UNITÉ. Quand on veut donner l'idée d'une grandeur à une personne qui n'a pas de grandeur égale sous les yeux, on est obligé de lui dire ce qu'est cette grandeur par rapport à une autre de même espèce généralement admise comme point de comparaison. — Cette grandeur ou quantité qui sert de point de comparaison pour les grandeurs de même espèce est une *unité*.

NOMBRE. Le nombre est le résultat de la comparaison d'une quantité à l'unité de son espèce.

NOMBRE ENTIER. — FRACTION. — NOMBRE FRACTIONNAIRE. Si l'unité est comprise exactement une ou plusieurs fois dans la quantité que l'on considère, le résultat de la comparaison s'appelle *nombre entier;* si elle n'y est pas comprise une seule fois, il s'appelle *fraction;* si elle y est comprise plusieurs fois avec un reste, il s'appelle *nombre fractionnaire.*

ARITHMÉTIQUE. L'arithmétique est la science des nombres. Elle enseigne la manière de les former, de les écrire, de les énoncer, puis de les composer et de les décomposer suivant certaines lois indiquées par le raisonnement.

L'étude des propriétés des nombres est aussi du ressort de l'arithmétique, mais dans ce cours, nous n'étudierons de ces propriétés que celles qui trouvent dans la pratique une application réellement utile.

OPÉRATION. Les différentes manières de composer et de décomposer les nombres s'appellent *opérations.*

CALCUL. Quand on fait une ou plusieurs opérations d'après les règles que nous indiquerons plus loin, cela s'appelle *calculer.*

OPÉRATIONS FONDAMENTALES. Tous les calculs auxquels on peut être conduit se ramènent à *quatre opérations fondamentales* qui sont: l'*addition* et la *multiplication* pour la composition des nombres, la *soustraction* et la *division* pour la décomposition.

NUMÉRATION.

La *numération* est la partie de l'arithmétique qui enseigne comment on a formé les nombres, comment on les écrit et comment on les énonce d'une manière abrégée.

FORMATION DES NOMBRES OU NUMÉRATION PARLÉE.

Le plus simple de tous les nombres est le résultat de la comparaison de l'unité à elle-même ou le nombre *un;* le nombre un ajouté à lui-même donne le nombre qu'on a appelé *deux;* le nombre un ajouté au nombre deux donne le nombre qu'on a appelé *trois;* et, en ajoutant un ainsi de suite au dernier nombre formé, on obtient les nombres successifs qu'on a appelés : *quatre*, *cinq*, *six*, *sept*, *huit* et *neuf*. Pour ne pas surcharger la mémoire en donnant des noms particuliers à tous les nombres, on est convenu que le nombre un ajouté au nombre neuf formerait une nouvelle espèce d'unités appelée une *dizaine* et que l'on compterait par dizaines comme par unités simples, depuis une dizaine jusqu'à neuf dizaines, seulement pour abréger le langage, au lieu de dire : *une dizaine*, *deux dizaines*..... *neuf dizaines*, on emploie les expressions équivalentes : *dix*, *vingt*, *trente*, *quarante*, *cinquante*, *soixante*, *septante* ou *soixante-dix*, *octante* ou *quatre-vingts*, *nonante* ou *quatre-vingt-dix*. Pour exprimer les nombres compris entre les dizaines successives, comme la réunion de *trois dizaines* et *quatre unités*, on énonce d'abord les dizaines, trente, puis les unités, quatre : *trente-quatre*. — On excepte de cette règle générale les six nombres entiers qui suivent dix; au lieu de dire : dix-un, dix-deux..... dix-six, on dit : *onze*, *douze*, *treize*, *quatorze*, *quinze* et *seize;* de même, si, au lieu d'employer l'expression septante, on emploie l'expression soixante-dix, on ne dira pas : soixante-dix-un, soixante-dix-deux...... soixante-dix-six, mais soixante-onze, soixante-douze..... soixante-seize; de même encore on dira quatre-vingt-onze, au lieu de quatre-vingt-dix-un, etc.

En comptant le plus loin possible avec les dizaines et les unités, on arrive au nombre *quatre-vingt-dix-neuf*. Ce nombre augmenté de un donne un nouveau nombre qu'on a considéré comme une nouvelle espèce d'unités et qu'on a appelé *une centaine* ou *cent*. On a compté par centaines comme on a compté par unités et par dizaines; mais au lieu de dire *une centaine, deux centaines..... neuf centaines*, on dit d'une manière plus abrégée : *cent, deux cents...... neuf cents*. Pour exprimer les nombres intermédiaires, comme la réunion de *quatre centaines, six dizaines* et *deux unités,* on énonce d'abord les centaines quatre cents, puis les dizaines soixante, puis les unités deux : *quatre cent soixante-deux.*

En comptant le plus loin possible avec les centaines, les dizaines et les unités, on arrive au nombre : *neuf cent quatre-vingt-dix-neuf.*

REMARQUE. Jusqu'ici nous avons considéré trois espèces d'unités : les unités, les dizaines et les centaines. — Par leur réunion ces trois espèces d'unités forment un premier groupe d'*unités principales,* appelées *unités simples,* ou par abréviation *unités*. Ainsi il y a unités, dizaines et centaines d'unités simples.

Le nombre neuf cent quatre-vingt-dix-neuf augmenté de un donne un nouveau nombre qu'on a appelé *mille* et qu'on a considéré comme une nouvelle espèce d'*unités principales.* On a compté par mille comme on a compté par unités simples, depuis un mille jusqu'à neuf cent quatre-vingt-dix-neuf mille, et l'on a ainsi des unités, des dizaines et des centaines de mille, comme on a eu des unités, des dizaines et des centaines d'unités simples. On forme les nombres intermédiaires en énonçant comme précédemment d'abord les mille, puis les unités simples. En comptant le plus loin possible avec ces deux espèces d'unités principales; on arrive au nombre : *neuf cent quatre-vingt-dix-neuf mille, neuf cent quatre-vingt-dix-neuf.* Ce nombre augmenté de un donne une nouvelle espèce d'unités principales qu'on a appelée *million*. On a compté par millions comme on a compté par unités simples et par mille. — En continuant de la même manière, on a eu successivement d'autres unités principales qu'on a appelées *billions*, *trillions*, *quatrillions*, etc.

Nota. Dans la pratique, on a rarement à considérer des nombres supérieurs aux billions. — Quand il s'agit de sommes d'argent, au lieu du mot billion, on se sert généralement du mot *milliard*.

Les unités principales s'appellent aussi *unités d'ordre ternaire*, parce que chacune d'elles arrive après les trois unités secondaires qui composent l'unité principale précédente.

DEUXIÈME LEÇON.

MANIÈRE D'ÉCRIRE LES NOMBRES OU NUMÉRATION ÉCRITE.

Pour écrire les nombres d'une manière abrégée, on a inventé neuf caractères

1 2 3 4 5 6 7 8 9

qu'on appelle *chiffres* et qui représentent les neuf premiers nombres. Avec ces neuf caractères et un dixième 0, qu'on appelle *zéro* et qui n'a aucune valeur par lui-même, on peut représenter tous les nombres entiers au moyen de la convention suivante : *Quand plusieurs chiffres sont écrits les uns à la suite des autres, chacun d'eux représente des unités dix fois plus fortes que celui qui est à sa droite.* D'après cette convention, si l'on compte à partir de la droite plusieurs chiffres écrits les uns à la suite des autres, le premier représentant des unités d'unités simples, ou par abréviation, des unités, le second représentera des dizaines d'unités simples, ou simplement des dizaines, et le troisième des centaines d'unités simples, ou simplement des centaines; le quatrième, le cinquième et le sixième représenteront des unités de mille, des dizaines de mille et des centaines de mille; le septième, le huitième et le neuvième représenteront des unités de millions, des dizaines de millions, des centaines de millions et ainsi de suite. On voit donc que pour faire représenter à un chiffre telle espèce d'unités qu'on voudra, il suffira de lui faire occuper un rang déterminé à partir de la droite. — Ce rang sera assigné naturellement, si le nombre à écrire contient des unités de tous les ordres inférieurs; dans le cas contraire, chaque unité d'ordre manquant devra être remplacée par un caractère n'ayant aucune valeur par lui-même, c'est-à-dire par le caractère 0. — Veut-on écrire par exemple, le nombre *deux cent trois;* pour que le chiffre 2 exprime des centaines, il faudra qu'il y ait des dizaines et des unités à sa droite, comme il n'y a pas de dizaines dans le nombre énoncé, on écrira 0 pour en tenir la place, puis on écrira le chiffre 3 des unités, de sorte que le nombre énoncé s'écrira : *203*.

Veut-on écrire encore *deux millions quarante-huit unités* : pour que le chiffre 2 exprime des millions, il faudra des caractères pour occuper les places de tous les ordres inférieurs, il n'y a pas de centaines de mille, ni de dizaines de mille, ni d'unités de mille dans le nombre énoncé, on les remplacera par trois zéros. Il n'y a pas de centaines d'unités simples, on les remplacera également par un 0, enfin on écrira quatre dizaines et huit unités, de sorte que le nombre énoncé s'écrira : *2000048*.

RÈGLE GÉNÉRALE POUR ÉCRIRE UN NOMBRE ÉNONCÉ. *En général, pour écrire un nombre énoncé, on écrit succes-*

sivement les centaines, les dizaines et les unités de chaque espèce d'unités principales, depuis les plus hautes unités jusqu'aux unités simples, en ayant soin de remplacer par un zéro chaque espèce d'unités d'ordre manquant.

RÈGLE GÉNÉRALE POUR ÉNONCER UN NOMBRE ÉCRIT. Si l'on remarque que lorsqu'on a partagé un nombre en tranches de trois chiffres, à partir de la droite, la première tranche à droite représente des unités simples, la deuxième, des mille, la troisième, des millions, etc., il est facile d'en conclure la règle générale suivante : *Pour énoncer un nombre écrit, on partage ce nombre en tranches de trois chiffres à partir de la droite, sauf à ne laisser qu'un ou deux chiffres à la dernière tranche à gauche. — On reconnaît d'après son rang le nom des unités principales que représente cette tranche, puis on énonce successivement à partir de la gauche, toutes les tranches, comme si elles étaient seules, en donnant à chacune d'elles le nom qui lui convient.*

REMARQUES SUR LA NUMÉRATION.

1° On voit d'après ce qui précède que chaque chiffre a une valeur absolue qui dépend de sa forme et une valeur relative qui tient à la place qu'il occupe dans un nombre — ainsi 5 représentera toujours cinq unités d'un certain ordre, et ces unités seront des dizaines, des mille, etc., suivant que ce chiffre occupera le deuxième rang, le quatrième rang, etc., à partir de la droite.

On voit aussi que la présence d'un zéro dans un nombre n'a d'influence que sur les valeurs relatives des chiffres placés à sa gauche.

Par opposition au zéro qui n'a aucune valeur par lui-même, on a donné aux autres chiffres le nom de *chiffres significatifs.*

2° Si l'on écrit un ou plusieurs zéros à la gauche d'un nombre, chaque chiffre significatif occupant toujours le même rang à partir de la droite, représentera toujours le même nombre des mêmes unités. Aucune partie du nombre n'ayant changé, le nombre lui-même conserve la même valeur.

3° Si l'on ajoute un zéro à la droite d'un nombre, chaque chiffre se trouvant reculé d'un rang vers la gauche exprimera des unités 10 fois plus grandes. Chaque partie du nombre sera donc rendue 10 fois plus grande et par suite le nombre lui-même sera rendu 10 fois plus grand.

On verrait de même qu'on rend un nombre 100 fois, 1000 fois, etc., plus grand, en ajoutant 2 zéros, 3 zéros, etc., à sa droite, et que si un nombre est terminé par des zéros, si l'on supprime 1, 2, 3, etc., zéros à sa droite, on le rendra 10, 100, 1000, etc., fois plus petit (1).

TROISIÈME LEÇON.

NUMÉRATION DES NOMBRES DÉCIMAUX.

D'après la convention faite dans la numération des nombres

(1) Nota. Le maître ou moniteur qui enseignera cette leçon devra beaucoup exercer les élèves sur les valeurs relatives des chiffres, non-seulement par rapport au chiffre des unités, mais encore par rapport à tout autre chiffre placé soit à leur droite, soit à leur gauche, en se servant dans ce dernier cas, des expressions

entiers, lorsqu'un chiffre est écrit à la droite d'un autre, il exprime des unités dix fois plus petites que s'il était à la place de cet autre; d'après cela, si l'on appelle *dixièmes*, *centièmes*, *millièmes*, *dix millièmes*, etc., des parties dix fois, cent fois, mille fois, dix mille fois, etc., plus petites que l'unité, le chiffre des unités étant désigné, le premier chiffre placé à sa droite représentera des dixièmes, le second, des centièmes, le troisième, des millièmes, le quatrième, des dix millièmes, etc. — Pour pouvoir reconnaître le chiffre des unités, qui dès lors n'occupe plus la droite du nombre, on le sépare par une virgule du chiffre des dixièmes.

Ces nombres qui contiennent des parties de l'unité de dix en dix fois plus petites s'appellent : *nombres décimaux*.

MANIÈRE D'ÉNONCER UN NOMBRE DÉCIMAL.

D'après ce qui précède, en comptant les chiffres à partir de la virgule, il est facile de reconnaître le nom des unités que représente le dernier chiffre à droite : cette opération faite, on énonce successivement la partie entière et la partie décimale, comme si chacune d'elles était un nombre entier, et l'on fait suivre la dernière du nom des unités que représente le dernier chiffre à droite.

EXEMPLE. Soit à énoncer le nombre 4230,04562; on reconnaîtra d'abord que le chiffre 2 écrit à la droite du nombre, occupant le cinquième rang à partir de la virgule,

dix fois plus petit, cent fois plus petit, etc. — Cet exercice est d'une très-grande utilité pour faciliter l'étude du système métrique où l'on fait souvent varier l'unité pour des grandeurs de même espèce, il conduit aussi tout naturellement à l'intelligence des nombres décimaux.

représente des *cent millièmes*, puis l'on dira 4 mille 230 unités, 4 mille 562 cent millièmes.

On peut aussi énoncer le nombre comme s'il n'y avait pas de virgule, en le faisant suivre du nom des dernières unités à droite; ainsi le nombre précédent pourra s'énoncer 423 milions, 4 mille, 562 cent millièmes. Mais cette dernière manière est peu usitée.

MANIÈRE D'ÉCRIRE UN NOMBRE DÉCIMAL.

Pour écrire un nombre décimal énoncé, on écrira d'abord la partie entière comme si elle était seule et on placera la virgule à la droite du chiffre des unités; puis on écrira la partie décimale comme si c'était un nombre entier, en ayant soin d'écrire entre la virgule et son chiffre à gauche autant de zéros qu'il en faut pour que le dernier chiffre à droite représente des unités de l'ordre énoncé. Ainsi pour écrire le nombre 48 unités, 28 dix millièmes, on écrira 48, on placera la virgule, puis, comme les dix millièmes doivent occuper le quatrième rang après la virgule et que le nombre 28 ne contient que deux chiffres, on placera deux zéros entre la virgule et le nombre 28, et l'on aura ainsi : *48,0028.*

Quand dans l'énoncé la partie entière est confondue avec la partie décimale, on écrit tout le nombre comme s'il était entier, puis on place la virgule de manière que le dernier chiffre à droite représente par son rang des unités de l'ordre énoncé. — Ainsi, si l'on énonce des cent millièmes, le nombre étant écrit comme nombre entier, on séparera cinq chiffres décimaux sur la droite, puisque les cent millièmes doivent occuper le troisième rang à partir de la virgule.

Dans le cas où il n'y aurait pas de partie entière dans le nombre énoncé, on met un 0 pour tenir la place des unités; ainsi 12 millièmes s'écrira : 0,012.

REMARQUES SUR LA NUMÉRATION DES NOMBRES DÉCIMAUX.

1° Quand on écrit un ou plusieurs zéros à la droite d'un nombre décimal, chaque chiffre significatif occupant toujours le même rang à partir de la virgule, représentera toujours le même nombre des mêmes unités. Aucune partie du nombre n'ayant changé, le nombre lui-même conserve la même valeur.

Il y a bien dans ce cas une modification dans la manière d'énoncer le nombre, mais il est facile de comprendre pourquoi cette modification n'entraîne pas un changement dans la valeur même du nombre. — Ainsi, 0,2 et 0,20 s'énoncent deux dixièmes et vingt centièmes, et cependant leurs valeurs numériques sont les mêmes : c'est que dans le premier cas, on a dix fois moins de parties que dans le second, mais que ces parties sont dix fois plus grandes ; il y a donc compensation.

2° Quand on porte la virgule d'un rang vers la droite, chaque chiffre du nombre représente par son rang des unités dix fois plus grandes que celles qu'il représentait d'abord ; toutes les parties du nombre étant rendues dix fois plus grandes, le nombre lui-même est rendu dix fois plus grand.

On verrait de même qu'on rend un nombre décimal cent fois, mille fois, etc., plus grand, en reculant la virgule de deux rangs, de trois rangs, etc., vers la droite, et qu'on le rend dix fois, cent fois, mille fois, etc., plus petit en reculant la virgule de un rang, de deux rangs, de trois rangs, etc., vers la gauche.

3° Il peut se faire que quand on veut reculer la virgule d'un certain nombre de rangs vers la droite ou vers la gauche, le nombre sur lequel on opère ne contienne pas de chiffres significatifs en nombre suffisant. Dans ce cas, pour rendre l'opération possible, il suffit de se rappeler qu'on peut écrire autant de zéros que l'on veut à la droite ou à la gauche d'un nombre décimal sans changer sa valeur.

Veut-on par exemple rendre le nombre 3,25, mille fois plus petit? on remarquera qu'on peut écrire ce nombre : 0003,25 et en appliquant la règle générale, on aura : 0,00325. — Veut-on le rendre dix mille fois plus grand? on remarquera qu'on peut écrire le nombre : 3,2500 et en appliquant la règle générale on aura : 32500, ou sans virgule 32500 puisqu'il n'y a plus de partie décimale à séparer de la partie entière.

EXERCICES.

1° Énoncer les nombres suivants :

45032
3000048
2040060892
6500000008
54,3283
3,024

300,042
3,004284
0,56
0,0032
0,0004032

2° Écrire en chiffres les nombres :

3 mille, 225 unités.
32 mille, 44 unités.
3 millions, 25 mille, 4 unités.
37 millions, 229 unités.
8 millions, 4 unités.
22 billions, 3 mille, 5 unités.
38 billions, 33 mille.
32 unités, 53 centièmes.
2 unités, 3 centièmes.
5 unités, 26 dix millièmes.
538 millions, 38 mille, 325 cent millièmes.
428 millièmes.
25 dix millièmes.
3 mille, 427 millionièmes.

3 billions, 22 millions, 3 mille, 422 cent millioniemes.

3° Rendre le nombre 32,056 dix fois plus grand, le rendre cent fois plus grand, le rendre mille fois plus grand, etc. — Le rendre dix fois plus petit, cent fois plus petit, mille fois plus petit, etc.

4° Répéter le même exercice sur les nombres 0,028 et 0,00057.

5° Dans le nombre 367,042, qu'exprime le chiffre 6 par rapport au chiffre 7, par rapport au chiffre 4, par rapport au chiffre 3? Qu'exprime le chiffre 4 par rapport au chiffre 7, par rapport au chiffre 3, par rapport au chiffre 2? Qu'exprime le chiffre 3 par rapport au chiffre 2?

QUATRIÈME LEÇON.

ADDITION.

DÉFINITION. L'*Addition* est une opération qui a pour objet de réunir plusieurs nombres en un seul qu'on appelle *somme* ou *total*.

Il est évident que si l'on a plusieurs quantités à réunir en une seule, il suffira de réunir entre elles les différentes parties qui les composent et de réunir ensuite les différentes sommes partielles obtenues; si donc ce sont des nombres qu'on veut ajouter ensemble, on obtiendra leur somme en réunissant ensemble leurs unités, puis leurs dizaines, puis leurs centaines, etc., puis en formant un seul nombre des résultats partiels. — Dans chacune des opérations partielles, on aura d'abord à ajouter un chiffre à un chiffre, puis un chiffre à un nombre, de sorte qu'il suffira pour savoir additionner, de savoir trouver le résultat que donne un chiffre ajouté à un nombre donné. — Cette opération se fera d'abord en comptant avec les doigts, et bientôt l'habitude fera connaître immédiatement les résultats.

Soit proposé d'ajouter ensemble les nombres 347, 438 et 454. — Pour réunir plus commodément ensemble les unités de même ordre, on écrit les nombres les uns au-dessous des autres, de manière que les unités de même ordre se correspondent dans une même colonne verticale.

$$\begin{array}{r} 347 \\ 438 \\ 454 \\ \hline 1239 \end{array}$$

Puis on dit : 7 unités et 8 unités font 15 unités et 4 unités font 19 unités, ou 9 unités que l'on écrit sous les unités, et 1 dizaine que l'on réunit aux dizaines des nombres proposés ; — 1 dizaine et 4 dizaines font 5 dizaines et 3 dizaines font 8 dizaines et 5 dizaines font 13 dizaines ou 3 dizaines que l'on exprime en écrivant le chiffre 3 à la gauche du chiffre 9 des unités et 1 centaine que l'on réunit aux centaines des nombres proposés, — 1 centaine et 3 centaines font 4 centaines et 4 centaines font 8 centaines et 4 centaines font 12 centaines ou 2 centaines que l'on exprime en écrivant le chiffre 2 à la gauche du chiffre 3 des dizaines et 1 mille que l'on exprime en écrivant le chiffre 1 à la gauche du chiffre 2 des centaines. La somme des nombres proposés est donc : 1239.

Dans la pratique, on se contente de dire : 7 et 8 font 15 et 4 font 19, je pose 9 et je reporte 1, 1 et 4 font 5 et 3 font 8 et 5 font 13, je pose 3 et je reporte 1, 1 et 3 font 4 et 4 font 8 et 4 font 12, je pose 2 et j'avance 1.

RÈGLE GÉNÉRALE. *En général, pour additionner ensemble*

plusieurs nombres, on les écrit les uns au-dessous des autres, de manière que les unités de même ordre se trouvent dans une même colonne verticale, c'est-à-dire les unités sous les unités, les dizaines sous les dizaines, etc., puis on souligne le dernier nombre. — On additionne ensemble les unités; si la somme n'excède pas 9, on l'écrit tout entière sous la colonne des unités, si elle excède 9, on écrit sous cette colonne les unités proprement dites et on reporte les dizaines pour les ajouter à la colonne des dizaines; on ajoute les chiffres de la colonne des dizaines comme on a ajouté ceux de la colonne des unités, et on continue ainsi de suite jusqu'à la dernière colonne à gauche dont la somme s'écrit tout entière.

ADDITION DES NOMBRES DÉCIMAUX.

Ce que nous avons dit pour l'addition des nombres entiers s'applique également à l'addition des nombres décimaux, et la règle générale est tout-à-fait la même; on remarquera seulement que dans ce dernier cas, les derniers chiffres à droite peuvent ne pas se trouver en colonne verticale, puisque les unités de plus petite espèce peuvent ne pas être les mêmes dans tous les nombres à additionner. — On sera certain de ne pas se tromper si l'on a soin de bien placer les virgules en colonne.

EXEMPLE :

```
 32,897
  8,45
429,5849
 23,4
--------
494,3319
```

PREUVE. On appelle *preuve* d'une opération une seconde opération qui a pour but de vérifier si la première a été bien faite.

PREUVE DE L'ADDITION. Pour faire la preuve de l'addition, il suffit de recommencer l'opération de bas en haut, si l'on a opéré d'abord de haut en bas, ou *vice versâ*. On obtiendra le même résultat, puisqu'un tout ne change pas dans quelque ordre qu'on ajoute ses parties.

ON PEUT FAIRE L'ADDITION EN COMMENÇANT PAR LA GAUCHE. Il est clair qu'au lieu de commencer à réunir entre elles les unités de plus petite espèce, on peut commencer par réunir entre elles les plus hautes unités; seulement en suivant cet ordre, quand une somme partielle excèdera 9, il faudra ajouter les unités de retenue à des unités déjà écrites au résultat et par suite modifier un ou même plusieurs chiffres déjà obtenus. — C'est à cause de cet inconvénient que dans la pratique on commence toujours l'opération par la droite.

SIGNE DE L'ADDITION. Pour exprimer que plusieurs nombres écrits les uns à la suite des autres doivent être ajoutés ensemble, on les sépare par le signe + qui s'énonce *plus*. Pour exprimer que deux quantités sont égales, on les sépare par le signe = qui s'énonce *égale*. Ainsi $7+8+5=20$ signifie : 7 plus 8 plus 5 égale 20.

EXERCICES SUR L'ADDITION.

6° Faire les additions suivantes :

3274 + 6429 + 3248.
2467 + 328 + 65 + 6429.
64,26 + 235,47 + 66,39.
6,374 + 2,35 + 67,34.
0,29 + 37,068 + 0,004.
36,0029 + 0,4 + 0,00679 + 32,08.

PROBLÈMES :

7° Un corps de troupe se compose de quatre compagnies : dans la première, il y a 162 hommes, dans la seconde 208, dans la troisième 170 et dans la quatrième 199. — Quel est l'effectif de tout le corps de troupe?

8° Trois compagnies de sapeurs ont travaillé à un même ouvrage, la première a fait 158 m, 35 (1), la seconde 208 m, 50 et la troisième 295 m, 25. — Quel est l'ouvrage total effectué?

9° Une personne dépense chaque année 500 fr. pour sa nourriture, 250 fr. pour son logement, 218 fr. pour sa toilette, 148 fr. en voyages et 350 fr. pour ses plaisirs. — Quelle est la dépense annuelle de cette personne?

10° On veut aller d'Arras à Metz en passant par Paris et Châlons-sur-Marne. Il y a 49 lieues d'Arras à Paris, 38 lieues de Paris à Châlons et 42 lieues de Châlons à Metz. — Quelle est la longueur du trajet à parcourir?

11° A quelle époque une personne née en 1825 aura-t-elle 64 ans?

12° Une personne a acheté 35 objets au prix de 24 fr., 75, 12 objets au prix de 19 fr., 05 et 78 objets au prix de 72 fr., 95. On demande : 1° le nombre des objets qu'elle a achetés, 2° le montant de sa dépense?

13° Une personne fait trois recettes : l'une de 3285 fr., 75, la seconde, de 328 fr., 85, la troisième, de 2429 fr. — Elle avait d'abord en caisse 8435 fr., 75. — Combien a-t-elle maintenant?

14° Une personne a un champ de cinq côtés. Elle mesure chacun de ces côtés et trouve pour le premier : 25 m, 25, pour le second : 38 m, 3, pour le troisième : 95 m, 72, pour le quatrième : 49 m, 35 et pour le cinquième : 89 m, 30. Que trouvera-t-elle pour la longueur de tout le pourtour?

(1) Avant l'exposé du système métrique, on fera énoncer les parties décimales du mètre et du franc, d'après la règle générale donnée pour tous les nombres décimaux. — Loin d'être un inconvénient, cette manière de lire d'abord a un grand avantage. Par exemple, pour le franc, quand l'élève arrivé au système métrique apprendra à énoncer *centime*, l'idée de centime sera pour lui inséparable de l'idée *centième de franc*, et il est à remarquer que malgré la simplicité de la chose, bien des élèves oublient que ces deux expressions sont équivalentes.

15° On a 10 fagots écartés les uns des autres de 12 mètres. — Quel sera le chemin que devra faire une personne chargée de les réunir en tas sur l'un des fagots extrêmes, en supposant qu'elle ne puisse porter qu'un seul fagot à la fois?

16° Un piéton fait 4 lieues dans une première journée et chaque jour il fait 1 l, 5 de plus que la veille. Il marche pendant cinq jours. — On demande 1° le chemin qu'il aura fait le cinquième jour; 2° le chemin qu'il aura fait en tout.

CINQUIÈME LEÇON.

SOUSTRACTION.

DÉFINITION. La *Soustraction* est une opération qui a pour objet de chercher de combien le plus grand de deux nombres donnés surpasse le plus petit. Le résultat de l'opération s'appelle : *reste, excès* ou *différence.*

Il est clair qu'on aura retranché un nombre d'un autre, quand de toutes les parties qui composent cet autre, on aura retranché toutes les parties correspondantes du premier; on est donc conduit à écrire les deux nombres l'un au-dessous de l'autre comme pour l'addition, et à retrancher les unités des unités, les dizaines des dizaines, etc. — Lorsque les chiffres du plus petit nombre seront plus petits que les chiffres correspondants du plus grand nombre, l'opération ne présentera aucune difficulté, l'habitude de l'addition suffira pour faire reconnaître ce qu'il manque au plus petit chiffre pour égaler le plus grand, mais il peut se faire qu'un chiffre du plus petit nombre soit supérieur au chiffre correspondant du plus grand. Dans ce cas, on augmentera ce dernier chiffre de dix unités de son ordre, et la soustraction deviendra possible, mais pour ne pas changer la différence, il faudra augmenter de la même quantité le nombre inférieur, ce qui se fait en augmentant de 1 le chiffre suivant qui représente des unités dix fois plus fortes. Soit par exemple à retrancher 452 de 945, nous dirons :

$$\begin{array}{r} 945 \\ 452 \\ \hline 493 \end{array}$$

2 unités ôtées de 5 unités, il reste 3 unités; 5 dizaines ôtées de 4 dizaines, cela ne se peut, nous augmentons 4 dizaines de 10 dizaines, 5 dizaines ôtées de 14 dizaines, il reste 9 dizaines; comme le nombre supérieur a été augmenté de 10 dizaines, par compensation nous augmentons le nombre inférieur de 1 centaine qui vaut 10 dizaines; 1 centaine et 4 centaines font 5 centaines, 5 centaines ôtées de 9 centaines, il reste 4 centaines; le reste demandé est donc: 493.

Dans la pratique, on dit simplement : 2 de 5 il reste 3, 5 de 14 il reste 9 et je reporte 1, 1 et 4 font 5, 5 de 9 il reste 4.

RÈGLE GÉNÉRALE. *En général pour soustraire un nombre d'un autre, on écrit le plus petit sous le plus grand, de manière que les unités se trouvent sous les unités, les dizaines sous les dizaines, etc., puis on souligne le plus petit nombre. On retranche successivement tous les chiffres du plus petit nombre en commençant par la droite des chiffres correspondants du plus grand et on écrit les restes au-dessous. Quand il arrive qu'on a à retrancher un chiffre d'un chiffre moins fort, on augmente ce dernier de 10 et par compensation on augmente de 1 le chiffre suivant du nombre inférieur.*

SOUSTRACTION DES NOMBRES DÉCIMAUX.

Ce que nous avons dit pour la soustraction des nombres entiers s'applique également à la soustraction des nombres décimaux; seulement il pourra arriver que le plus petit nombre contienne plus de chiffres décimaux que le plus grand; alors pour pouvoir faire la soustraction, on ajoute à la droite de ce dernier autant de zéros qu'il en faut pour qu'il y ait le même nombre de chiffres décimaux dans les deux nombres proposés. Dans la pratique on se dispense d'écrire ces zéros, on les suppose seulement ajoutés par la pensée.

EXEMPLE :

$$\begin{array}{r} 326{,}48 \\ 39{,}5043 \\ \hline 286{,}9757 \end{array}$$

PREUVES DE LA SOUSTRACTION.

1° Puisque le *reste* est la quantité dont le plus grand nombre surpasse le plus petit, si au plus petit on ajoute le *reste*, on devra reproduire le plus grand.

2° Puisque le plus grand nombre est la réunion du plus petit nombre et du *reste*, si du plus grand nombre on retranche le *reste*, on devra obtenir le plus petit nombre.

REMARQUE. Il est clair que comme pour l'addition, on peut faire la soustraction en commençant par la gauche. Si on n'emploie jamais cette manière d'opérer, c'est qu'on tombe aussi dans l'inconvénient d'avoir à modifier des chiffres déjà obtenus.

SIGNE DE LA SOUSTRACTION. Pour exprimer qu'un nombre doit être retranché d'un autre, on l'écrit à la droite de cet autre en le séparant par le signe — qui s'énonce *moins*. Ainsi 12 — 7 = 5 signifie 12 moins 7 égale 5.

EXERCICES SUR LA SOUSTRACTION.

17° Faire les soustractions suivantes :

3836 — 1754	825,007 — 6,29
2947 — 628	5,00012 — 0,0193
37029 — 8195	62,45 — 4,327
20005 — 8214	6,324 — 0,04285
232,54 — 15,28	32 — 7,307
334,249 — 53,46	

PROBLÈMES SUR LA SOUSTRACTION.

18° Une personne doit une somme de 52,480 fr. Ce qu'elle possède et ce qu'on lui doit forment une somme de 422,540 fr. — Quelle est sa fortune ?

19° Un ouvrier a fait 32 m, 25 sur un ouvrage de 65 mètres qui lui a été donné. — Combien lui reste-t-il à faire ?

20° Une personne a 23 ans en 1855, quelle est l'année de sa naissance ?

21° Un voyageur avait à faire une route de 560 lieues, il en a déjà fait 227, combien lui en reste-t-il encore à faire ?

22° Lorsqu'on a payé 28 fr., 75 sur une dette de 42 fr., combien doit-on encore ?

PROBLÈMES DE RÉCAPITULATION SUR L'ADDITION ET LA SOUSTRACTION.

23° Une personne reçoit en différents paiements, d'abord 542 fr. puis 484 fr., puis 72 fr. Elle paie une dette de 648 fr. et dépense 597 fr. — Elle avait en caisse 498 fr. — Combien lui reste-t-il ?

24° Un régiment composé de 2655 hommes envoie un premier détachement de 164 hommes en Crimée, un second de 148 hommes en Afrique et un troisième de 136 hommes, au camp de Boulogne. — Quel effectif lui reste-t-il ?

25° Un soldat a à faire une route de 78 lieues ; sa première étape est de 7 lieues, la deuxième, de 8 lieues, la troisième, de 6 lieues, la quatrième, de 10 lieues ; combien lui restera-t-il de lieues à faire après ses quatre premières étapes ?

26° En quelle année une personne qui a 26 ans en 1855 aura-t-elle 48 ans ?

27° Une compagnie verse chaque jour à l'ordinaire 54 fr., 50, la dépense pour la viande est de 32 fr., 25, pour le pain de soupe, de 10 fr. 60, pour les légumes, de 7 fr., 25 et pour les dépenses accessoires, de 3 fr., 75. — Que reste-t-il de boni dans une journée?

28° Une personne meurt en 1855 après 22 ans de mariage, elle s'est mariée à l'âge de 33 ans. — Quelle est l'année de sa naissance?

29° Un domestique doit recevoir pour ses gages 362 fr. par an. — On lui donne un à-compte de 122 fr. et on lui complète son paiement en lui donnant 219 fr. et un habit. — Quel est le prix de l'habit?

SIXIÈME LEÇON.

MULTIPLICATION.

DÉFINITION. La *Multiplication* est une opération qui a pour objet de répéter un nombre donné appelé *multiplicande* autant de fois qu'il y a d'unités dans un autre nombre donné appelé *multiplicateur*. Le résultat de l'opération s'appelle *produit*.

LA MULTIPLICATION EST UN ABRÉGÉ DE L'ADDITION. Si l'on avait à répéter cinq fois le nombre 628, on pourrait écrire ce nombre cinq fois au-dessous de lui-même et faire

$$\begin{array}{r} 628 \\ 628 \\ 628 \\ 628 \\ 628 \\ \hline 3140 \end{array}$$

la somme, le nombre 3140 ainsi obtenu serait bien ce que

nous sommes convenus d'appeler le *produit* de 628 par 5, de sorte qu'on peut obtenir un produit par addition; mais ces additions deviendraient impraticables à cause de leur longueur, si le *multiplicateur* était un nombre un peu considérable; alors on est obligé d'avoir recours au procédé de calcul que nous allons indiquer. La multiplication n'est donc en réalité qu'une méthode abrégée de faire des additions très-longues.

CAS A CONSIDÉRER DANS LA MULTIPLICATION. Nous distinguerons trois cas dans la multiplication; 1° multiplication d'un nombre d'un seul chiffre par un nombre d'un seul chiffre; 2° multiplication d'un nombre de plusieurs chiffres par un nombre d'un seul chiffre; 3° multiplication d'un nombre de plusieurs chiffres par un nombre de plusieurs chiffres.

PREMIER CAS. Pour multiplier un nombre d'un seul chiffre par un nombre d'un seul chiffre, on a recours à la table de multiplication de Pythagore. Voici comment on construit cette table :

1	2	3	4	5	6	7	8	9	Les 9 1ers nombres pris.... 1 fois.
2	4	6	8	10	12	14	16	18	Les 9 1ers nombres répétés 2 fois.
3	6	9	12	15	18	21	24	27	. . . . 3 fois.
4	8	12	16	20	24	28	32	36	. . . . 4 fois.
5	10	15	20	25	30	35	40	45	. . . . 5 fois.
6	12	18	24	30	36	42	48	54	. . . . 6 fois.
7	14	21	28	35	42	49	56	63	. . . . 7 fois.
8	16	24	32	40	48	56	64	72	. . . . 8 fois.
9	18	27	36	45	54	63	72	81	. . . . 9 fois.

On écrit d'abord sur une première ligne horizontale les neuf premiers nombres; on a ainsi chacun des neuf premiers nombres pris une fois. — On ajoute chacun de ces neuf premiers nombres à lui-même, et on écrit les résultats au-dessous, on a ainsi dans une seconde ligne horizontale les neuf premiers nombres répétés deux fois, c'est-à-dire leurs produits par 2; on ajoute les nombres de la première ligne horizontale à ceux qui leur correspondent dans la seconde, et on écrit au-dessous les résultats obtenus; on a ainsi dans une troisième ligne horizontale les neuf premiers nombres répétés une fois, plus deux fois ou trois fois, c'est-à-dire leurs produits par 3. — En ajoutant encore les chiffres de la première ligne horizontale à ceux de la troisième, on verra de même qu'on obtiendra dans une quatrième ligne les produits des neuf premiers nombres par 4. — On continue ainsi de suite jusqu'à ce qu'on obtienne dans la neuvième ligne les produits des neuf premiers nombres par 9.

MANIÈRE DE SE SERVIR DE LA TABLE. Il est facile d'après cela de trouver le produit d'un chiffre par un chiffre : on cherche dans la première ligne horizontale le chiffre multiplicande et l'on descend la colonne verticale qui commence par ce chiffre jusqu'à ce qu'on arrive à la colonne horizontale qui commence par le chiffre multiplicateur. — Le nombre qui se trouve à la rencontre des deux lignes est le produit cherché.

DEUXIÈME CAS. Soit à multiplier le nombre de plusieurs chiffres 4528 par 6. Il est clair que pour répéter 6 fois le nombre 4528, il suffit de répéter 6 fois chacune des parties qui le composent, c'est-à-dire 6 fois les 8 unités, 6 fois les 2 dizaines, 6 fois les 5 centaines et 6 fois les 4 mille, et de réunir en un seul nombre les résultats partiels. Nous dirons donc :

$$\begin{array}{r} 4528 \\ 6 \\ \hline 27168 \end{array}$$

6 fois 8 unités font 48 unités ou 8 unités proprement

dites que nous écrivons sous le multiplicateur et 4 dizaines que nous retenons pour les ajouter au produit des dizaines, 6 fois 2 dizaines font 12 dizaines et 4 dizaines de retenue font 16 dizaines ou 6 dizaines que nous exprimons en écrivant le chiffre 6 à la gauche du chiffre 8 des unités et 1 centaine que nous retenons pour l'ajouter au produit des centaines; 6 fois 5 centaines font 30 centaines et 1 centaine de retenue font 31 centaines ou 1 centaine que nous exprimons en écrivant le chiffre 1 à la gauche du chiffre 6 des dizaines et 3 mille que nous retenons pour les ajouter au produit des mille ; 6 fois 4 mille font 24 mille et 3 mille de retenue font 27 mille ou 7 mille qu'on exprime en écrivant le chiffre 7 à la gauche du chiffre 1 des centaines et 2 dizaines de mille qu'on exprime en écrivant le chiffre 2 à la gauche du chiffre 7 des mille.

Dans la pratique on se contente de dire : 6 fois 8 font 48, je pose 8 et je retiens 4, 6 fois 2 font 12 et 4 font 16, je pose 6 et je retiens 1, 6 fois 5 font 30 et 1 font 31, je pose 1 et je retiens 3, 6 fois 4 font 24 et 3 font 27, je pose 7 et j'avance 2.

RÈGLE GÉNÉRALE. *Pour multiplier un nombre de plusieurs chiffres par un nombre d'un seul chiffre, on écrit le chiffre multiplicateur sous le multiplicande, puis on souligne. On multiplie le chiffre des unités du multiplicande par le multiplicateur ; si le produit n'excède pas 9, on l'écrit tout entier sous le multiplicateur, s'il excède 9, on n'écrit que les unités proprement dites et on retient les dizaines pour les ajouter au produit des dizaines. — On multiplie ensuite les dizaines du multiplicande par le multiplicateur, et on ajoute au produit les dizaines de retenue. On écrit les dizaines proprement dites à la gauche du chiffre des unités et on retient les centaines pour les ajouter au produit des centaines. — On continue ainsi de suite jusqu'à ce qu'on arrive au dernier chiffre à gauche du multiplicande dont le produit s'écrit tout entier.*

REMARQUE. Avant de passer au troisième cas de la multiplication, nous remarquerons que pour multiplier un nombre quelconque par un chiffre suivi de un ou plusieurs zéros, il suffit de faire la multiplication par le chiffre et d'ajouter à la droite du produit autant de zéros qu'il en a à sa droite. — Soit en effet le nombre 4258 à multiplier par 6000, si au lieu de répéter le nombre 4258, six mille fois, on le répète un nombre de fois 6 qui est 1000 fois plus petit que 6000, le produit obtenu 25548 sera 1000 fois trop petit. — Pour obtenir le produit véritable, il suffira donc de rendre ce nombre 25548, mille fois plus grand, c'est-à-dire d'ajouter trois zéros à sa droite. — Le produit demandé sera donc : 25548000.

TROISIÈME CAS. Proposons-nous de multiplier un nombre de plusieurs chiffres, 5234 par un nombre de plusieurs chiffres 432. — Remarquons que multiplier 5234 par 432, c'est le répéter 432 fois ou 400 + 30 + 2 fois. — Si donc nous le répétons successivement 2 fois, puis 30 fois, puis 400 fois, et si nous réunissons ensemble ces trois produits partiels, nous aurons bien le nombre 5234 répété 432 fois,

```
    5234
     432
--------
   10468. . .    2 fois 5234.
  157020. . .   30 fois 5234.
 2093600. . .  400 fois 5234.
--------
 2261088. . .  400 + 30 + 2 = 432 fois 534.
```

c'est-à-dire le produit demandé. En opérant comme il a été dit pour le deuxième cas, on obtient pour produit de 5234 par 2 le nombre 10478. — Pour le répéter 30 fois, nous savons qu'il suffit de le multiplier par 3 et d'ajouter un 0 à la droite du produit, on obtient ainsi 157020. — Pour répéter le multiplicande 5234, 400 fois, il suffit de même de le multiplier par 4 et d'ajouter à la droite du produit deux zéros. — On obtient ainsi 2093600. En ajoutant ensemble ces trois produits partiels, on obtient 2261088 pour le produit demandé.

Dans la pratique on se dispense d'écrire les zéros à la droite des produits partiels, ainsi on écrira simplement 15702 au lieu de 157020, mais on fera exprimer des dizaines à ce nombre en le disposant de telle manière que son chiffre à droite se trouve dans la colonne des dizaines des produits partiels à ajouter. — De même le produit partiel 20936 exprimera des centaines, si son dernier chiffre à droite est placé dans la colonne des centaines.

RÈGLE GÉNÉRALE. *Pour multiplier un nombre de plusieurs chiffres par un nombre de plusieurs chiffres, on écrit le multiplicateur sous le multiplicande, puis on souligne le multiplicateur. — On multiplie tout le multiplicande successivement par tous les chiffres du multiplicateur en commençant par la droite et on écrit tous les produits partiels les uns au-dessous des autres, de manière que pour chacun d'eux le dernier chiffre à droite se trouve sous le chiffre du multiplicateur qui l'a donné, on souligne le dernier produit partiel, puis on fait la somme.*

REMARQUE. Pour multiplier l'un par l'autre deux nombres terminés par des zéros, il suffit de faire la multiplication, abstraction faite des zéros, puis d'ajouter à la droite du produit autant de zéros qu'il y en a dans les deux facteurs. — Soit en effet 32000 à multiplier par 600. — Si au lieu de répéter un certain nombre de fois 32000, on le répète un nombre de fois 32 qui est 1000 fois plus petit, le produit sera 1000 fois trop petit. — D'un autre côté, si au lieu

3

de multiplier un nombre par 600, on le multiplie par 6, le produit est encore 100 fois trop petit. — Le produit *192* qu'on obtient en négligeant les zéros est donc 100 fois, 1000 fois ou 100000 fois trop petit; pour avoir le produit véritable, il faudra donc rendre 192, 100000 fois plus grand, c'est-à-dire, ajouter 5 zéros à sa droite; on aura ainsi : *19200000*.

SEPTIÈME LEÇON.

MULTIPLICATION DES NOMBRES DÉCIMAUX.

DÉFINITION. D'après la définition que nous avons donnée pour la multiplication des nombres entiers, le produit contient le multiplicande autant de fois que le multiplicateur contient l'unité. — On peut donc donner de la multiplication la définition suivante :

La multiplication est une opération qui a pour objet de chercher un nombre appelé produit qui soit composé avec le multiplicande comme le multiplicateur est composé avec l'unité; cette définition a l'avantage de ne pas supposer le multiplicateur un nombre entier et de s'appliquer au cas où ce multiplicateur est un nombre décimal ou un nombre fractionnaire quelconque. C'est celle que nous adopterons désormais (1).

(1) Si nous n'avons pas donné tout d'abord cette définition, c'est que facilement comprise au point où nous sommes arrivés, il est fort peu d'élèves qui la comprennent, lorsqu'ils abordent pour la première fois la multiplication.

OPÉRATION. Nous répéterons pour la multiplication des nombres décimaux le raisonnement que nous avons donné pour la multiplication de deux nombres entiers terminés par des zéros. — Soit 32,792 à multiplier par 4,87.

32792	52,792
487	4,87
229544	229544
262336	262336
131168	131168
15969704	159,69704

Si au lieu de répéter 32,792 un certain nombre de fois, on supprime la virgule et l'on répète le même nombre de fois 32792 qui est 1000 fois plus grand, le produit sera 1000 fois trop grand. — Si au lieu de multiplier un nombre par 4,87, on supprime la virgule et on le multiplie par 487 qui est 100 fois plus grand, le produit sera 100 fois trop grand. — Si donc on supprime à la fois la virgule dans le multiplicande et dans le multiplicateur, le produit sera un nombre de fois trop grand représenté par 100 fois 1000 ou 100000; pour avoir le produit véritable, il suffira donc de rendre ce produit 100000 fois plus petit, c'est-à-dire, de séparer cinq chiffres décimaux sur sa droite. — On peut donc conclure de là la règle générale suivante :

Pour multiplier l'un par l'autre deux nombres décimaux, on fait la multiplication comme s'ils étaient des nombres entiers, puis on sépare sur la droite du produit autant de chiffres décimaux qu'il y en a dans les deux facteurs.

SIGNES DE LA MULTIPLICATION. Pour exprimer que deux nombres doivent être multipliés l'un par l'autre, on les sépare par le signe × qui s'énonce *multiplié par*. — Ainsi

$4 \times 5 = 20$ signifie : 4 multiplié par 5 égale 20. — Quelquefois au lieu d'écrire $\times$, on emploie le signe $\cdot$ (un point), qui a la même signification.

Quand plusieurs nombres écrits les uns à la suite des autres sont séparés par le signe $\times$, cela signifie que le premier nombre doit être multiplié par le second, le produit obtenu par le troisième, le produit obtenu par le quatrième et ainsi de suite.

Ainsi pour avoir la valeur de l'expression $4 \times 5 \times 8 \times 9$, nous dirons $4 \times 5 = 20$, $20 \times 8 = 160$, $160 \times 9 = 1440$, — donc $4 \times 5 \times 8 \times 9 = 1440$. Les nombres 4, 5, 8, 9, qui composent le produit s'appellent *facteurs*.

PRINCIPES SUR LA MULTIPLICATION (1).

1° Un produit de deux facteurs ne change pas quand on intervertit l'ordre de ses facteurs. — Ainsi je dis que $4 \times 5 = 5 \times 4$. En effet, on aura les unités qui composent le produit de 4 par 5, si l'on écrit 4 unités 1 1 1 1 sur une même ligne horizontale et si l'on répète ces 4 unités 5 fois comme l'indique le tableau suivant :

```
1  1  1  1
1  1  1  1
1  1  1  1
1  1  1  1
1  1  1  1
```

Mais si l'on compte les unités d'une même colonne verticale, on voit qu'il y en a 5 et que ces 5 unités sont répétées 4 fois. — Les unités de ce tableau représentent donc également le produit de 4 par 5 et celui de 5 par 4 ; donc : $4 \times 5 = 5 \times 4$.

2° Un produit de tant de facteurs qu'on voudra ne change pas, dans quelque ordre qu'on effectue les multiplications.

(1) L'élève pourra passer dans une première lecture tout ce qui est écrit en fins caractères.

Faisons voir d'abord qu'on peut intervertir l'ordre des deux derniers facteurs. — Soit par exemple : $4 \times 5 \times 6 \times 7$; ce produit est égal à $4 \times 5 \times 7 \times 6$. En effet, dans les deux cas, on multiplie d'abord 4 par 5. — Dans le premier cas, on multiplie ce produit par 6, c'est-à-dire qu'on le rend 6 fois plus grand, puis après l'avoir rendu 6 fois plus grand, on le rend encore 7 fois plus grand en multipliant le résultat par 7; le produit 4×5 est donc rendu 6×7 fois plus grand. — Dans le second cas, on voit de même qu'en multipliant d'abord par 7, puis par 6, le produit 4×5 est rendu 7×6 fois plus grand, et comme $6 \times 7 = 7 \times 6$, les résultats sont les mêmes dans les deux cas; donc $4 \times 5 \times 6 \times 7 = 4 \times 5 \times 7 \times 6$.

Faisons voir ensuite qu'on peut intervertir l'ordre de deux facteurs consécutifs quelconques. Soit par exemple : $4 \times 5 \times 6 \times 8 \times 9$, ce produit est égal à $4 \times 6 \times 5 \times 8 \times 9$. En effet, si l'on fait abstraction des facteurs 8 et 9, d'après ce qui précède $4 \times 5 \times 6 = 4 \times 6 \times 5$. Ces produits étant égaux, si on les multiplie par une même quantité 8×9, les résultats seront encore égaux, donc $4 \times 5 \times 6 \times 8 \times 9 = 4 \times 6 \times 5 \times 8 \times 9$.

De ce qu'on peut changer de place un facteur avec celui qui le précède ou celui qui le suit sans changer la valeur du produit, en transportant plusieurs fois d'un rang un facteur quelconque dans un sens ou dans l'autre, on pourra lui faire occuper tel rang qu'on voudra. — L'ordre des facteurs n'a donc aucune influence sur la valeur du produit.

Les démonstrations que nous venons de donner de ces principes ne sont applicables qu'aux nombres entiers, mais il est facile de les étendre aux nombres décimaux. En effet, dans ce dernier cas, quel que soit l'ordre des facteurs, le produit, abstraction faite des virgules, est toujours le même, et le nombre des chiffres décimaux à séparer sur la droite de ce produit est toujours égal au nombre des chiffres décimaux qui entrent dans tous les facteurs.

3° *Quand on multiplie un facteur d'un produit par un nombre, le produit lui-même se trouve multiplié par le même nombre.* Soit par exemple, le produit $4 \times 6 \times 8 \times 9$. — On multiplie le facteur 6 de ce produit par 5, le produit lui-même sera multiplié par 5. En effet, on sait qu'on a $4 \times 6 \times 8 \times 9 = 4 \times 8 \times 9 \times 6$, et, si au lieu de multiplier $4 \times 8 \times 9$ par 6, on le multiplie par 6×5 qui est 5 fois plus grand, le produit sera 5 fois plus grand; en reportant ce facteur (6×5) à la place qu'occupait d'abord le facteur 6, on ne change pas la valeur du nouveau produit, on peut donc écrire :

$$4 \times (6 \times 5) \times 8 \times 9 = (4 \times 6 \times 8 \times 9) \times 5.$$

REMARQUE. Il faut bien se garder de confondre ce principe avec celui qui est relatif au produit d'une somme par un nombre. — On sait que dans ce dernier cas, pour multiplier une somme par un nombre, il faut multiplier par ce nombre successivement chaque partie de la somme. Ainsi

$$(4 + 6 + 8 + 9) \times 5 = 4 \times 5 + 6 \times 5 + 8 \times 5 + 9 \times 5.$$

PREUVE DE LA MULTIPLICATION.

Puisqu'un produit de deux facteurs ne change pas quand on intervertit l'ordre des facteurs, si l'on multiplie le multiplicateur par le multiplicande, on devra obtenir le même produit.

DÉFINITIONS. On dit qu'un nombre est *multiple* d'un autre, quand il est égal à cet autre répété un nombre entier de fois. — Ainsi 20 est un multiple de 4 parce que 20 est égal à 4 répété 5 fois ou à 4×5. — On voit de même que 20 est un multiple de 5. — Dans ce cas on dit aussi que 4 et 5 sont des sous-multiples de 20 (1).

On appelle *deuxième puissance* ou *carré* d'un nombre le produit de deux facteurs égaux à ce nombre. — Ainsi le carré de 4 est $4 \times 4 = 16$.

On appelle *troisième puissance* ou *cube* d'un nombre le produit de trois facteurs égaux à ce nombre. — Ainsi le cube de 4 est $4 \times 4 \times 4 = 64$.

On peut remarquer qu'on obtient le cube d'un nombre en formant son carré et en multipliant ce carré par le nombre lui-même.

(1) On peut remarquer qu'un produit est un multiple de chacun des facteurs qui le composent.

On appelle *quatrième puissance* d'un nombre le produit de quatre facteurs égaux à ce nombre. Ainsi la quatrième puissance de 4 est $4 \times 4 \times 4 \times 4 = 256$.

On remarquera que la quatrième puissance d'un nombre peut s'obtenir en multipliant son carré par lui-même ou en faisant le carré du carré.

On appelle en général puissance d'un nombre un produit de plusieurs facteurs égaux à ce nombre.

Pour exprimer qu'un nombre doit être élevé à une certaine puissance, on écrit à la droite de ce nombre et un peu au-dessus un petit chiffre qui représente l'*indice* de la puissance. — Ainsi la cinquième puissance de 6 s'écrira 6^5; on aura donc $6^5 = 6 \times 6 \times 6 \times 6 \times 6 = 7776$.

EXERCICES SUR LA MULTIPLICATION.

30° Faire les multiplications suivantes :

2749×6
34065×8
3640009×9
3674×396
6704×2347
3296×508
8904×6007
32600×428
3800×490
5068000×800900
$465,29 \times 54,6$
$5,006 \times 3,07$
$9,604 \times 0,67$
$0,429 \times 0,67$
$0,0067 \times 0,034$
$426 \times 0,1$ (1)
$429 \times 0,01$
$422,85 \times 0,01$
$0,029 \times 0,1$
$0,001 \times 0,01$
$48 \times 9 \times 2 \times 5 \times 8$
$5 \times 9 \times 4 \times 15 \times 6 \times 25 \times 8$ (2)
$4 \times 7 \times 9 \times 25 \times 3 \times 8 \times 5$

(1) Faire remarquer aux élèves que multiplier un nombre par 0,1 revient au même que de rendre ce nombre dix fois plus petit.

Observation analogue pour les exercices suivants.

(2) Faire remarquer aux élèves que les facteurs pouvant être

31° Former les carrés des nombres suivants :
5 — 38 — 702 — 3,2 — 23,048 — 0,06 — 0,008 — 1 — 0,1 — 0,001.

32° Former les cubes des mêmes nombres.

33° Former leurs quatrièmes puissances.

34° Former les cinquièmes puissances des nombres 3 — 0,2 — 0,01.

35° Former la dixième puissance du nombre 2.

PROBLÈMES SUR LA MULTIPLICATION.

36° Un mètre de drap coûte 17 fr. — Quel sera le prix de 26 mètres ?

37° Un ouvrier fait 8 mètres d'ouvrage par heure, combien fera-t-il de mètres dans une journée de dix heures?

38° S'il travaille pendant 15 jours, combien aura-t-il fait de mètres en tout ?

39° Trente-deux ouvriers travaillent pendant 15 jours et dix heures par jour, chacun d'eux fait 8 mètres d'ouvrage par heure, combien auront-ils fait de mètres en tout ?

40° On les paie à raison de 0 fr. 025 par mètre, combien devra-t-on leur payer pour tout l'ouvrage?

41° Une bibliothèque contient cinq chambres. Chacune de ces chambres a huit armoires de douze rayons ; sur chaque rayon il y a 78 volumes. — Combien cette bibliothèque contient-elle de volumes?

42° Combien une personne qui gagne 145 fr. par mois, gagne-t-elle dans six ans?

43° Combien y a-t-il de jours dans 18 ans, en supposant toutes les années composées de 365 jours ?

PROBLÈMES DE RÉCAPITULATION SUR L'ADDITION, LA SOUSTRACTION ET LA MULTIPLICATION.

44° Combien y a-t-il de jours dans 2 ans et 48 jours, chaque année étant supposée de 365 jours?

intervertis, on arrivera plus vite au résultat, si l'on groupe entre eux les facteurs qui donnent pour produits des multiples de 10. — Ainsi : dans cet exemple 5 × 4 = 20, 15 × 6 = 90, 25 × 8 = 200. — Ces trois groupes donnent pour produit 360000 et il n'y a plus qu'à multiplier ce produit par 9.

45° Combien y a-t-il de secondes dans 8 jours, 15 heures, 42 minutes et 24 secondes, sachant que le jour vaut 24 heures, l'heure 60 minutes et la minute 60 secondes?

46° Une personne achette 26 moutons à 27 fr., 45 l'un ; 8 bœufs à 347 fr., 75 l'un; sur sa recette, elle paie une dette de 1275 fr. 80 c. ; combien lui reste-t-il?

47° On a gagné 2 fr. par kilogramme sur la vente d'une certaine marchandise. — 628 kilog. ont été vendus 7536 fr.; combien les avait-on achetés?

48° Douze ouvriers ont travaillé 8 jours et 9 heures par jour, pour faire un certain ouvrage. — Combien faudrait-il d'heures de travail à un seul ouvrier pour faire le même ouvrage?

49° On place 12 petits carrés les uns à côté des autres, puis on juxtàpose 6 lignes semblables de ces petits carrés. — Combien y en aura-t-il en tout?

50° Si l'on a un carré dont un côté est partagé en dix parties égales, et l'autre aussi en dix parties égales; si l'on mène par tous les points de division des lignes droites, de manière à partager le grand carré en petits carrés partiels, combien aura-t-on de petits carrés?

51° On veut savoir combien il y a de carreaux dans une place rectangulaire qui en contient 40 dans sa longueur et 28 dans sa largeur.

52° Il y a 360 degrés dans le tour de la terre et chaque degré se subdivise en 25 lieues anciennes? Combien y a-t-il de lieues anciennes dans le tour de la terre?

53° Une compagnie a un boni de 105 fr., 75. — Pendant quinze jours consécutifs elle augmente son boni de 0,26 centimes. — Quel sera son boni après ces quinze jours?

54° Une compagnie est composée de 215 hommes. Chaque homme verse par jour 0 fr., 38 à l'ordinaire. — Dans l'espace de douze jours on a acheté 789 kilog., 55 de viande, à raison de 0,72c le kilo. — 209 kilog., 60 de pain à raison de 0,38c le kilo. — Les autres dépenses réunies se sont élevées à 41 fr., 25. — Le boni était d'abord de 142 fr., 25 c. — Qu'est-il devenu après ces 12 jours?

55° Une personne a acheté 48 objets pour le prix de 3640 fr. — Elle en revend 18 au prix de 108 fr. l'un, 15 au prix de 82 fr., 50 l'un et le reste, au prix de 92 fr., 25 l'un. — Combien a-t-elle gagné sur le tout?

56° Une troupe avait à faire une route de 22 étapes, dont 8 de

7 lieues ; 6 de 6 l, 25 ; 3 de 9 l ; 2 de 9 l, 50 ; 2 de 10 lieues et 1 de 11 lieues. — Elle a déjà fait 72 lieues, 25. Combien lui reste-t-il encore de lieues à faire ?

HUITIÈME ET NEUVIÈME LEÇONS.

DIVISION.

DÉFINITION. La *Division* est une opération qui a pour objet de chercher combien de fois un nombre donné appelé *dividende,* contient un autre nombre donné appelé *diviseur*. Le résultat de l'opération s'appelle *quotient* (1).

LA DIVISION EST UN ABRÉGÉ DE LA SOUSTRACTION. Supposons que l'on demande combien de fois le nombre 140 contient le nombre 35. — Si l'on retranche 35 unités de 140, puis 35 unités du reste obtenu, et ainsi de suite autant de fois que possible, il est clair que 140 contiendra 35 autant de fois qu'on aura pu faire de soustractions.

140 — 35 = 105	1re	soustraction.
105 — 35 = 70	2e	id.
70 — 35 = 35	3e	id.
35 — 35 = 00	4e	id.

En opérant on trouve que 35 peut être retranché 4 fois, 140 contient donc 35, 4 fois ; 4 représente donc bien ce que nous sommes convenus d'appeler le quotient de 167 par 35.

Mais si le quotient devait être un nombre un peu consi-

(1) Du mot latin *quoties*, qui signifie *combien de fois*.

dérable, comme le nombre des soustractions à effectuer est égal au nombre des unités du quotient, on comprend que les calculs seraient d'une longueur fastidieuse ; on a recours alors au mode de calcul plus simple que nous allons indiquer. La division n'est donc en réalité qu'un abrégé d'une série de soustractions.

REMARQUE. Il n'arrive pas toujours, comme dans l'exemple que nous avons considéré, que le dividende contienne un nombre exact de fois le diviseur ; quand cela n'a pas lieu, le nombre qu'on obtient après avoir retranché du dividende le plus grand nombre de fois que le diviseur y est contenu s'appelle le *reste* de la division.

DEUXIÈME DÉFINITION DE LA DIVISION. Si le dividende contient un certain nombre de fois le diviseur, il est clair qu'en multipliant le diviseur par ce nombre, on reproduira le dividende. — De là cette seconde définition de la division : la division est une opération qui a pour objet de chercher un nombre appelé *quotient*, qui, multiplié par un nombre donné appelé *diviseur*, reproduise un autre nombre donné appelé *dividende*.

TROISIÈME DÉFINITION DE LA DIVISION. D'après la première définition, le dividende contient autant de parties égales au diviseur qu'il y a d'unités dans le quotient, mais d'après la deuxième définition, le dividende étant le produit de deux facteurs qui sont l'un le diviseur, et l'autre le quotient, si l'on divise le dividende par le quotient, on obtiendra pour quotient le diviseur : donc le dividende contient autant de parties égales au quotient qu'il y a d'unités dans le diviseur, de là cette troisième définition de la division : la division est une opération qui a pour objet de partager un nombre donné appelé dividende en autant de parties égales qu'il y a d'unités dans un autre nombre donné appelé *diviseur*.

Il importe de bien connaître ces trois définitions, parce que selon les énoncés des différents problèmes, c'est tantôt l'une, tantôt l'autre qui indique qu'il faut effectuer une division. — Il importait également de démontrer qu'elles rentrent l'une dans l'autre, afin de bien faire comprendre qu'il n'y a qu'une même opération pour les trois, et, par suite, que la théorie exposée pour l'une d'elles donne la règle générale qui convient à toutes.

THÉORIE. Afin de mieux faire comprendre la théorie de la division, nous allons la donner sur un exemple pratique.

Soit à partager une somme de 54785 francs entre 24 personnes. Il est clair que si nous partageons entre les 24 personnes chacune des parties de la somme, chacune des personnes aura sa part. — Or, la somme à partager se compose de 5 dizaines de mille francs, de 4 mille francs, de 7 centaines de francs, de 8 dizaines de francs et de 5 francs. — Partageons d'abord les dizaines de mille francs, il n'y en a que 5, on ne pourra donc pas en donner 1 à chaque personne, mais nous pouvons convertir ces dizaines de mille francs en milliers de francs. — Chacune en vaut 10, les 5 en valent 50, et, comme la somme à partager en contient encore 4, nous aurons 54 mille francs à partager. — Pour savoir combien il en revient à chacune des 24 personnes, nous allons faire un tableau des neuf premiers multiples de 24.

$$
\begin{aligned}
24 \times 1 &= 24 \\
24 \times 2 &= 48 \\
24 \times 3 &= 72 \\
24 \times 4 &= 96 \\
24 \times 5 &= 120 \\
24 \times 6 &= 144 \\
24 \times 7 &= 168 \\
24 \times 8 &= 192 \\
24 \times 9 &= 216
\end{aligned}
$$

D'après ce tableau, on voit que 54 étant compris entre 48 et 72, c'est-à-dire entre 2 fois 24 et 3 fois 24, on pourra donner 2 mille francs à chaque personne :

```
54785 | 24
48    |--------
----- | 2282 fr.
 67
 48
 ---
 198
 192
 ---
   65
   48
   --
   17
```

Nous écrivons ce premier chiffre du quotient sous le diviseur, écrit lui-même à la droite du dividende et pour qu'il exprime des mille, il suffira que nous écrivions plus tard trois chiffres à sa droite. — Si l'on donne 2 mille francs à chacune des 24 personnes, on en aura donné 48; sur les 54 il en restera donc 6 à partager. — Nous convertirons encore ces 6 mille francs en centaines de francs, cela nous donnera 60 centaines de francs, qui, avec les 7 centaines données forment 67 centaines de francs à partager entre les 24 personnes. D'après le tableau, 67 étant compris entre 48 et 72, c'est-à-dire entre 2 fois 24 et 3 fois 24, on pourra donner 2 centaines de francs à chaque personne; nous écrirons ces 2 centaines du quotient à la droite du chiffre 2 des mille, mais on ne donnera ainsi que 48 centaines sur les 67 centaines de francs à partager, il restera donc encore 19 centaines de francs; ces centaines de francs valent 190 dizaines de francs, avec les 8 dizaines de la somme proposée, cela fait 198 dizaines à partager entre les 24 personnes. — 198 étant compris entre 192 et 216, c'est-à-dire entre 8 fois 24 et 9 fois 24, on pourra donner à chaque personne 8 dizaines de francs. Nous écrirons ces 8 dizaines du quotient à la droite du chiffre 2 des centaines. On donnera ainsi 192 dizaines de francs; sur les 198 à partager, il en restera encore 6 qui valent 60 francs. — Avec les 5 francs de la somme donnée, cela fait encore 65 francs à partager entre les 24 personnes. — On pourra leur en donner 2 à chacune et il en restera encore 17 à partager. — Nous écrirons ces 2 unités du quotient à la droite du chiffre 8 des dizaines, et nous aurons ainsi pour la part de chaque personne, 2282 francs, avec un reste de 17 francs qui ne peut plus être partagé, à moins qu'on ne les convertisse comme nous l'indiquerons plus loin en dixièmes de francs.

Le raisonnement que nous donnons sur cet exemple, sera répété sur des nombres abstraits et sera dès-lors très-facilement compris.

La marche que nous avons suivie conduit à la règle pratique suivante :

Pour diviser un nombre par un autre, on écrit le diviseur à la droite du dividende, on les sépare par un trait vertical, puis on souligne le diviseur. On sépare sur la gauche du dividende autant de chiffres qu'il en faut pour contenir au moins une fois le diviseur, PUIS ON CHERCHE COMBIEN DE FOIS CE DIVIDENDE PARTIEL CONTIENT LE DIVISEUR; *on obtient ainsi le premier chiffre du quotient, on multiplie le diviseur par ce chiffre et on retranche le produit du dividende partiel; on obtient ainsi un reste à la droite duquel on abaisse le chiffre suivant du dividende;* ON CHERCHE COMBIEN DE FOIS CE NOUVEAU DIVIDENDE PARTIEL CONTIENT LE DIVISEUR, *on obtient ainsi le second chiffre du quotient qu'on écrit à la droite du premier. On re-*

tranche le produit du diviseur par ce chiffre du second dividende partiel, on obtient un reste à la droite duquel on abaisse le chiffre suivant du dividende et l'on continue ainsi de suite jusqu'à ce qu'il n'y ait plus de chiffre à abaisser dans le dividende.

Le tableau des neuf premiers multiples du diviseur est toujours suffisant pour trouver combien de fois chacun des dividendes partiels contient le diviseur, mais il a l'inconvénient d'être trop long dans la pratique. — Nous allons dire comment on peut y suppléer.

1° Si le diviseur n'a qu'un seul chiffre, la connaissance de la table de Pythagore suffira pour trouver immédiatement les chiffres du quotient, car on reconnaîtra facilement quels sont les deux multiples consécutifs du diviseur qui comprennent chaque dividende partiel.

2° Si le diviseur a plus d'un chiffre, au lieu de chercher combien de fois tout un dividende partiel contient tout le diviseur, on cherche combien de fois le premier chiffre à gauche du diviseur est contenu dans le premier chiffre à gauche du dividende, ou, si ce chiffre est trop faible, dans le nombre formé par les deux premiers chiffres. Ainsi, si l'on avait à diviser 599 par 238, on ne dirait pas : en 599 combien de fois 238, mais en 5 combien de fois 2. Le chiffre ainsi obtenu ne peut être trop faible, car si on l'augmentait, son produit par les plus hautes unités seules du diviseur serait déjà plus fort que le dividende partiel, mais il peut être trop fort, car la partie à droite du diviseur peut être assez forte pour que, répétée autant de fois qu'il y a d'unités dans le chiffre du quotient, le produit excède la partie à droite du dividende, et si la partie de gauche du dividende n'excède pas suffisamment le produit du chiffre de gauche du diviseur par le chiffre du quotient, la soustraction ne pourra s'effectuer. — Avant d'écrire au quotient un chiffre obtenu de cette manière, il convient donc de faire un petit tâtonnement qui se borne généralement à faire le produit du second chiffre du diviseur par le chiffre du quotient et à voir le nombre des unités de retenue que donne la soustraction de ce produit de la partie correspondante du dividende. — Le nombre d'unités qu'il faudra ajouter au produit du chiffre à gauche du diviseur par le chiffre du quotient à essayer, fera voir généralement si ce chiffre est ou non trop fort.

Dans la pratique, on n'effectue pas les produits complets du diviseur par chaque chiffre du quotient avant de les retrancher des dividendes partiels, on retranche successivement les différentes parties du produit, à mesure qu'on les obtient, des parties correspondantes des dividendes partiels; de cette manière on évite d'écrire les produits du diviseur par les chiffres du quotient.

Nous allons donner maintenant un exemple de division, en indiquant comment on opère dans la pratique.

Soit : 496293 à diviser par 685.

496293	685
1679	724
3093	
353	

Le diviseur contenant trois chiffres et 4 étant plus petit que 6, je prends quatre chiffres sur la gauche du dividende; en 49 combien de fois 6, il y est 8 fois; mais comme 6 fois 8 font 48 et donneront au moins 4 unités de retenue, et que 49 ne surpasse 48 que de 1, 8 est trop fort, j'essaie 7. — 7 fois 5 font 35, 35 de 42 il reste 7, je pose 7 et je retiens 4, 7 fois 8 font 56 et 4 font 60, 60 de 66 il reste 6 et je retiens 6, 7 fois 6 font 42 et 6 font 48, 48 de 49 il reste 1. J'abaisse le chiffre suivant 9. En 16 combien de fois 6, il y est 2 fois ; 2 fois 5 font 10, 10 de 19 il reste 9 et je retiens 1, 2 fois 8 font 16 et 1 font 17, 17 de 17 il reste 0 et je retiens 1, 2 fois 6 font 12 et 1 font 13, 13 de 16 il reste 3. J'abaisse le chiffre suivant 3. En 30 combien de fois 6, il y est 5 fois, mais à cause de la retenue, 5 est trop fort, j'écris 4 au quotient, 4 fois 5 font 20, 20 de 23 il reste 3 et je retiens 2, 4 fois 8 font 32 et 2 font 34, 34 de 39 il reste 5 et je retiens 3, 4 fois 6 font 24 et 3 font 27, 27 de 30 il reste 3. Le quotient demandé est 724 et il reste 353.

(1) REMARQUES SUR LA DIVISION.

Si, au lieu d'avoir à partager une somme entre un certain nombre de personnes, on avait à partager entr'elles une somme dix fois plus forte, il est clair que la part de chacune serait dix fois plus forte ; donc *si l'on multiplie le dividende par un certain nombre sans changer le diviseur, le quotient est multiplié par ce nombre.*

Si, ayant une somme à partager entre un certain nombre de personnes, le nombre de ces personnes devient dix fois plus grand, il est clair que chaque personne aura une part dix fois plus petite, donc : *si l'on multiplie le diviseur par un certain nombre sans changer le dividende, le quotient est divisé par ce nombre.*

Si, ayant à partager une somme entre un certain nombre de personnes, la somme à partager et le nombre des personnes deviennent en même temps dix fois plus grands, il est clair que chaque personne aura toujours la même part, donc : *si l'on multiplie à la fois le dividende et le diviseur par un même nombre, le quotient ne change pas.*

(1) Ces remarques supposent que la division se fait sans reste. — S'il y a un reste, il faut entendre par le quotient, la partie entière trouvée suivie de la fraction qui le complète.

On verrait de même que : *si l'on divise le dividende par un certain nombre sans changer le diviseur, le quotient est divisé par ce même nombre.*

Que si l'on divise le diviseur par un certain nombre sans changer le dividende, le quotient est multiplié par le même nombre.

Que si l'on divise à la fois le dividende et le diviseur par un même nombre, le quotient ne change pas.

D'après cela, si le dividende et le diviseur sont terminés par des zéros, on pourra supprimer à leur droite autant de zéros qu'il y en a à la droite de celui des deux nombres qui en a le moins, car cela revient à les diviser tous deux par un même nombre.

DIXIÈME LEÇON.

DIVISION DES NOMBRES DÉCIMAUX.

Reprenons l'exemple que nous avons donné lorsqu'il a été question de la division des nombres entiers, et supposons qu'au lieu d'avoir à partager 54785 fr. entre 24 personnes, nous ayons à partager 54785 f, 8. — Ces huit dixièmes de plus à partager n'empêcheront pas de commencer le partage comme nous l'avons effectué, lorsque nous n'avions que 54785 f., mais lorsque nous serons arrivés au reste de 17 fr. que nous n'avons pu partager, nous pourrons continuer comme précédemment, et dire 17 fr. valent 170 dixièmes et 8 dixièmes que renferme la somme donnée forment 178 dixièmes à partager entre les 24 personnes. — En donnant 7 dixièmes à chaque personne, on aura donné 168 dixièmes et il restera encore 10 dixièmes à partager; pour exprimer que ce chiffre 7 représente des dixièmes, nous l'écrirons à la droite du chiffre des unités en séparant ces deux chiffres par une virgule.

On verrait de même que si le dividende contenait des centièmes, en opérant de la même manière, on obtiendrait des centièmes au quotient; donc : *lorsque le diviseur est un nombre entier, le quotient exprime des unités de même grandeur que le dividende.*

Cette remarque faite, la division des nombres décimaux devient de la plus grande simplicité.

1° Si le diviseur est un nombre entier, on fera la division comme si le dividende était aussi un nombre entier, et l'on séparera sur la droite du quotient autant de chiffres décimaux qu'il y en a dans le dividende.

2° Si le diviseur n'est pas un nombre entier, comme le quotient ne change pas quand on multiplie le dividende et le diviseur par un même nombre, on rendra le diviseur entier en supprimant la virgule, ce qui revient à le multiplier par l'unité suivie d'autant de zéros qu'il contient de chiffres décimaux, puis on multipliera le dividende par le même nombre en reculant la virgule d'autant de rangs vers la droite, après y avoir ajouté des zéros si cela est nécessaire. On retombe ainsi sur le cas précédent.

REMARQUE. Dans cette manière d'opérer, on obtient au quotient des unités de même grandeur que celles qu'exprime le dividende après le transport de la virgule. Or, il arrive le plus souvent qu'on veut avoir au quotient des unités d'une espèce déterminée.

Supposons, par exemple, que l'on demande des centièmes au quotient. — Si après avoir préparé la division de manière que le diviseur soit entier, le dividende contient des unités plus petites que des centièmes, on les néglige, car les chiffres suivants, que ces unités donneraient au quotient, représenteraient des millièmes, des dix millièmes, etc., dont l'ensemble est plus petit que un centième. Si le dividende n'exprime que des entiers ou des dixièmes, on ajoute deux zéros après une virgule placée à la droite des unités ou un zéro après le chiffre des dixièmes. Le dividende exprimant alors des centièmes, le quotient exprimera également des centièmes.

Dans la pratique, lorsque ces zéros manquent, on ne les écrit pas à la droite du dividende, seulement on les abaisse à la droite des restes successifs, comme si on les y avait écrits.

Il est clair d'après cela que, si après avoir obtenu par l'addition de zéros successifs, des dix millièmes, par exemple, au quotient, on voulait avoir des cent millièmes, il suffirait d'ajouter un zéro au dernier reste et de continuer la division.

REMARQUE. Supposons qu'on ait obtenu pour un quotient, 56,27, en négligeant les chiffres qu'on pourrait obtenir à droite; 56,27 est plus petit que le quotient exact, puisqu'on néglige quelque chose; mais, comme on n'aurait pas pu mettre 8 centièmes à la place de 7 centièmes au quotient, 56,28 est plus grand que le quotient exact. — Or 56,27 et 56,28 diffèrent juste de un centième, et comme le vrai quotient est compris entre eux, chacun d'eux diffère du quotient véritable de moins de un centième, c'est ce qui fait dire que ces nombres sont approchés du quotient à moins de un centième, le premier par défaut et le second par excès.

Ainsi quand on demande de chercher un quotient, par exemple à un millième près, il suffit de pousser le calcul jusqu'à ce qu'on ait le chiffre des millièmes du quotient.

Le dernier chiffre peut être pris par défaut ou par excès.

Pour reconnaître celui qui approche le plus, on n'a qu'à voir quel serait le chiffre suivant du quotient : si ce chiffre est moindre que 5, ce sera le chiffre pris par défaut ; s'il est supérieur à 5 ou 5 avec un reste, ce sera le chiffre pris par excès, s'il est 5 juste, on peut prendre indifféremment l'un ou l'autre.

Dans la pratique, c'est par la seule inspection du reste que l'on voit quel serait le chiffre suivant; il suffit de voir si ce reste est inférieur, égal ou supérieur à la moitié du diviseur.

PREUVE DE LA DIVISION. D'après ce qui a été dit lorsque nous avons défini la division, la preuve de cette opération se fera en multipliant le diviseur par le quotient et en ajoutant le reste au produit. — On devra reproduire ainsi le dividende.

SIGNES DE LA DIVISION. Pour exprimer qu'un nombre doit être divisé par un autre, on sépare le premier du second par le signe : qui s'énonce *divisé par*. Ainsi $12 : 4 = 3$ signifie : 12 divisé par 4 égale 3. On peut aussi écrire le diviseur sous le dividende en les séparant par un trait horizontal ——. Ainsi $\frac{12}{4}$ a la même signification que $12 : 4$.

MANIÈRE DE COMPLÉTER LE QUOTIENT D'UNE DIVISION QUI NE S'EFFECTUE PAS EXACTEMENT EN NOMBRES ENTIERS. Cette manière d'écrire : $\frac{12}{4}$ est généralement employée pour compléter le quotient d'une division qui ne s'effectue pas exactement. — Ainsi quand nous avons eu 54785 à partager entre 24 personnes, après avoir donné à chacune 2282 f., il restait encore à partager 17 francs. — La part de chacune se compose donc de 2282 f., plus du quotient de 17 par 24 ou $\frac{17}{24}$, et le quotient exact est donc $2282\ \frac{17}{24}$. Un nombre tel que $\frac{17}{24}$, plus petit qu'une unité, et que nous sommes convenus d'appeler *fraction*, s'énonce en lisant successivement le dividende et le diviseur, et en faisant suivre ce dernier de la terminaison *ième;* ainsi dans ce cas, on dira : dix-sept vingt-quatr*ièmes*.

DÉFINITIONS. Quand la division d'un nombre par un autre ne donne pas de reste, on dit que le premier est *divisible* par le second, et l'on dit en même temps que le second est un diviseur du premier. Ainsi 20 est divisible par 4 parceque $\frac{20}{4} = 5$ et 4 est un *diviseur* de 20. — On voit d'après cela que, si un nombre est multiple d'un autre, il est divisible par cet autre : *multiple de* et *divisible par* sont donc des expressions équivalentes, il en est de même des expressions *diviseur* et *sous-multiple*.

PRINCIPE SUR LA DIVISION.

QUAND ON DIVISE UN FACTEUR D'UN PRODUIT PAR UN NOMBRE, LE PRODUIT LUI-MÊME SE TROUVE DIVISÉ PAR LE MÊME NOMBRE. Si l'on a, par exemple, le produit $3 \times 20 \times 6$, et que l'on divise le facteur 12 par 4, le résultat $3 \times 5 \times 6$ qu'on obtient ainsi sera bien le quotient du produit lui-même par 4. En effet, si l'on multiplie $3 \times 5 \times 6$ par 4, d'après un principe donné sur la multiplication, il suffit de multiplier le facteur 5 par 4, et l'on obtient bien pour produit le dividende donné $3 \times 20 \times 6$.

REMARQUE. Si l'on a à calculer une expression telle que $\frac{8 \times 9 \times 6 \times 3 \times 10}{5 \times 7 \times 6 \times 8 \times 4}$, d'après ce que nous avons vu sur la signification des signes, cette expression indique la division d'un produit de plusieurs facteurs par un autre produit de plusieurs facteurs. — Or, comme on peut diviser le dividende et le diviseur par un même nombre sans changer le quotient, d'après le principe précédent, si l'on remarque un nombre qui divise à la fois un facteur du dividende et un facteur du diviseur, on pourra diviser ces deux facteurs par le diviseur commun, et il est clair qu'on pourra recommencer cette opération toutes les fois qu'elle se

$$\frac{\mathbf{8} \times 9 \times \mathbf{6} \times 3 \times 10}{5 \times 7 \times \mathbf{6} \times \mathbf{8} \times 10}$$

présentera. Ainsi dans l'expression précédente : 8 est facteur au numérateur et au dénominateur, si on divise par 8 ces deux facteurs, on obtiendra à leur place le facteur 1 qu'on peut se dispenser d'écrire : on peut de même supprimer le facteur 6 commun au dividende et au diviseur. Il reste ainsi au lieu de l'expression proposée, l'expression plus simple :

$$\frac{9 \times 3 \times 10}{5 \times 7 \times 12}$$

10 et 5 peuvent encore être divisés par 5, 3 et 12 peuvent être divisés par 3. — En effectuant ces divisions, on obtient

$$\frac{9 \times 2}{7 \times 4}$$

2 et 4 peuvent être divisés par 2, de sorte que pour effectuer l'opération donnée, il reste simplement à diviser 9 par 7 × 2 ou 14. — Elle se réduit donc à $\frac{9}{14}$.

EXERCICES SUR LA DIVISION.

57° Faire les divisions suivantes :

45867 : 6
ou prendre le 6e de 45867.

32046008 : 8 ou prendre le 8e de 32046008.

23456 : 71

3246708 : 317

$\frac{2376498}{3164}$

$\frac{37896543}{4269}$

$\frac{5846893}{68}$

$\frac{20046709}{695}$

$\frac{246878}{497}$

$\frac{8967432}{3964}$

$\frac{3567894}{295}$

$\frac{3005674}{192}$

$\frac{26543269}{1996}$

$\frac{5643296000}{3264}$

$\frac{2085643000}{87600}$

$\frac{5643690}{284000}$

$\frac{67432,189}{267}$	$\frac{42,6897}{53,8}$
$\frac{67896,435}{32,6}$	$\frac{42,6897}{538}$
$\frac{29437,896}{2,456}$	$\frac{678,32}{9746,8}$
$\frac{268439,76}{3,248}$	3,897 : 462,3
$\frac{65432,36}{3,543}$	0,68 : 3,698
$\frac{548964}{3,26}$	0,0046 : 58
$\frac{42,6897}{5,38}$	0,98 : 8
	346 : 0,01
	0,49 : 0,001
	1 : 0,01
	0,01 : 0,0001
	5 : 100.

58° Calculer à un centième près les expressions suivantes :

56 : 9 $\qquad \frac{49}{12} \qquad \frac{2}{3}$

$\frac{56,27}{89}$	$\frac{322,468}{36}$
$\frac{326,496}{3,5}$	$\frac{264,3296}{32,8}$
$\frac{36849,63}{2,4696}$	$\frac{2,6437}{0,003}$

PROBLÈMES SUR LA DIVISION.

59° Partager également 189,216 fr. entre 36 personnes (3e déf.)

60° Un père laisse en mourant une somme de 328940 fr. que devront se partager ses quatre enfants. — Combien revient-il à chacun ? (3e déf.)

61° On a acheté 338 mètres de drap pour 7842 fr., 50. — Quel est le prix d'un mètre ? (2e déf.)

62° Combien pourra-t-on faire de draps avec 342 m de toile, sachant que pour un drap il en faut 6 mètres ? (1re déf.)

63° Un ouvrier a employé 15 jours pour faire 3960 m d'ouvrage.

— Quelle est la quantité moyenne d'ouvrage qu'il a faite par jour? (2e déf.)

64° Trente-deux ouvriers ont fait 384 m d'ouvrage. — Quel est le nombre de mètres faits par chacun d'eux en supposant qu'ils aient tous travaillé également?

PROBLÈMES DE RÉCAPITULATION

SUR LES QUATRE PREMIÈRES OPÉRATIONS.

65° Une caisse de marchandises pèse 375 kilog; la caisse vide pèse 17 kilog. — On demande le prix du kilogramme de marchandise en supposant que le tout ait été acheté 2365 fr. et que la valeur de la caisse soit 18 fr. 50.

66° Une personne a un revenu de 4680 fr. par an. — Elle veut mettre de côté, 2 fr. 50 par jour, quelle sera alors sa dépense journalière, en supposant l'année de 365 jours.

67° Une personne parcourt 85 m par minute; combien mettra-t-elle d'heures pour faire une route de 25345 mètres?

68° Le jour vaut 24 heures; combien y a-t-il de jours et d'heures dans 3245 heures?

69° L'heure vaut 60 minutes; combien y a-t-il d'heures et de minutes dans 2345 minutes?

70° Combien y a-t-il de jours, d'heures et de minutes dans 52345 minutes?

71° La minute vaut 60 secondes; combien y a-t-il de minutes et de secondes dans 3552 secondes?

72° Combien y a-t-il de jours, d'heures, de minutes et de secondes dans 6582429 secondes?

73° La toise vaut 6 pieds, le pied 12 pouces, et le pouce 12 lignes; combien y a-t-il de toises, pieds, pouces et lignes dans 28549 lignes?

74° Douze ouvriers ont fait 396 mètres d'ouvrage; on demande 1° l'ouvrage fait par un seul de ces ouvriers; 2° l'ouvrage fait par cinq d'entre eux.

75° Dix-huit ouvriers ont fait 1440 mètres d'ouvrage; combien douze d'entre eux ont-ils fait de mètres?

76° On a fait 2358 mètres d'ouvrage en 8 jours de 10 heures de travail. 1° Quel est l'ouvrage fait en une heure, 2° quel est l'ouvrage fait en 2 jours et 5 heures?

77° Un ouvrier fait en une heure 6 mètres d'un certain ouvrage, 35 ouvriers travaillent au même ouvrage qui contient

3254 mètres. — 1° Combien d'heures emploieront-ils pour faire le tout? Combien emploieront-ils de journées de dix heures?

78° Combien de journées de dix heures 36 ouvriers emploieront-ils pour faire un ouvrage de 54000 mètres, sachant qu'un ouvrier fait 6 mètres par heure?

79° Un rectangle ou carré long est pavé avec 1472 dalles. — On en compte 46 dans la longueur; combien y en a-t-il dans la largeur? (2e déf.)

80° Un champ rectangulaire a une longueur de 108 mètres; il contient en surface 8208 mètres carrés. — Combien y a-t-il de mètres dans la largeur? (2e déf.)

81° Partager une somme de 3876 fr. entre deux personnes, de manière que la deuxième ait deux parts égales à celle de la première.

82° Partager 2842 fr. entre trois personnes, de manière que la deuxième ait deux parts égales à celle de la première, et que la troisième ait quatre de ces mêmes parts.

83° Partager 6852 fr. entre deux personnes, de manière que la seconde ait le double de la première.

84° Partager 2744 fr. entre trois personnes, de manière que la deuxième ait le double, et la troisième, le quadruple de la première.

85° Partager 3876 fr. entre trois personnes, de manière que la seconde ait le double de la première, et la troisième, autant que les deux autres ensemble.

86° Si 100 fr. rapportent dans un an 5 fr., que rapporte un seul franc? Que rapportent 286 fr. dans un an? Que rapporte la même somme dans 8 ans?

PROBLÈMES DIVERS.

87° Partager 72 en deux parties telles que l'une surpasse l'autre de 12.

88° La somme de deux nombres est 24, leur différence est 6, quels sont ces deux nombres?

89° Un domestique doit recevoir 360 fr. de gages par an. — Pour le paiement de dix mois, on lui donne 270 fr. et un habit, quel est le prix de l'habit?

90° Deux courriers partent en même temps, l'un de Metz, l'autre de Verdun, et se dirigent tous deux vers Paris. — On suppose que le courrier de Metz gagne 2 lieues par heure sur celui de Verdun;

à quelle distance de Verdun le rattrapera-t-il, en supposant qu'il y ait 16 lieues de Metz à Verdun et qu'il fasse 5 lieues à l'heure?

91° Deux courriers partent à trois heures d'intervalle d'une même ville et suivent la même route, le premier fait 4 lieues à l'heure et le second 5. — On demande dans combien de temps et à quelle distance du point de départ le second rattrapera le premier.

92° Les deux aiguilles d'une montre sont sur midi; dans combien de temps se retrouveront-elles ensemble, en supposant qu'elles suivent leur marche ordinaire.

93° Deux courriers vont à la rencontre l'un de l'autre. — Ils sont séparés d'une distance de 140 lieues et font l'un 3 lieues et l'autre 4 lieues à l'heure. — On demande : 1° dans combien de temps aura lieu la rencontre, 2° à quelle distance des points de départ.

94° Les deux aiguilles d'une montre marquent midi. — L'une suit sa marche ordinaire et l'autre, une marche rétrograde. — Dans combien de temps se retrouveront-elles ensemble?

95° Trois personnes se réunissent pour dîner. La première fournit trois plats et la seconde, deux. Ces cinq plats composent le dîner et sont supposés avoir la même valeur. — En raison du prix du dîner, le troisième leur rend pour la valeur de sa part, 15 fr. — Comment les deux premiers doivent-ils se partager cette somme?

96° Un père a 62 ans et son fils 36. Combien y a-t-il de temps que l'âge du père était le double de celui du fils?

97° Un père a aujourd'hui le double de l'âge de son fils. — Il y a 12 ans il en était le triple. — Quel est l'âge du père? Quel est celui du fils?

ONZIÈME LEÇON.

SYSTÈME MÉTRIQUE.

On appelle *Système Métrique*, l'ensemble des mesures actuellement en usage en France pour mesurer les grandeurs de différentes espèces.

On conçoit l'importance de rattacher un pareil système à une base aussi invariable que possible. — On l'a rattaché à notre globe lui-même, en prenant pour unité de longueur une fraction de son méridien, qu'on a appelée *mètre*, et en rapportant toutes les autres unités au mètre; de là le nom de système *métrique*.

On a adopté pour ces mesures des multiples de dix en dix fois plus grands et des sous-multiples de dix en dix fois plus petits, de manière que les calculs à effectuer sur les nombres qui représentent ces multiples et ces sous-multiples se font avec la plus grande facilité, puisqu'ils ne sont autre chose que des calculs sur des nombres décimaux.

Cette disposition a aussi le très-grand avantage de permettre de juger au premier coup-d'œil les rapports de grandeur qui existent entre les différentes parties d'une même unité.

On a adopté dans le système métrique pour désigner les multiples et les sous-multiples, les noms suivants :

1° POUR LES MULTIPLES.

Déca qui signifie.	10
Hecto	100
Kilo.	1000
Myria	10000

Ainsi 1 kilomètre, par exemple, signifie 1000 mètres; 1 décalitre signifie 10 litres.

2° POUR LES SOUS-MULTIPLES.

Déci qui signifie . . . . *dixième.*
Centi. . . . . *centième.*
Milli. . . . . *millième.*

Ainsi 1 centimètre signifie la centième partie du mètre.

Toutes ces dénominations ne sont pas employées avec toutes les espèces d'unités. Nous indiquerons celles qui sont employées pour chacune d'elles.

MESURES DE LONGUEUR.

L'unité de longueur est le *mètre* qui est égal à la dix-millionième partie du quart du méridien terrestre. Ses multiples sont :

1° Le décamètre.
2° L'hectomètre (peu usité.)
3° Le kilomètre.
4° Le myriamètre.

Ses sous-multiples :

1° Le décimètre.
2° Le centimètre.
3° Le millimètre.

Quelquefois quand on n'a que de petites dimensions à exprimer, on prend le millimètre pour unité. — Dans les tables de construction, où l'on a à exprimer beaucoup de dimensions très-petites, on évite ainsi l'emploi d'un grand nombre de zéros.

Pour les grandes distances, comme pour mesurer les

routes, on emploie une unité différente qui est la *lieue* et qui vaut 4 kilomètres.

L'usage de compter les routes par myriamètres s'étend chaque jour davantage. Il est facile de passer de l'une de ces unités à l'autre, en remarquant que le myriamètre vaut deux lieues et la moitié d'une lieue.

MESURES DE SURFACE.

L'unité de surface est le *mètre carré*. C'est un carré qui a un mètre de côté. On n'a pas donné de noms particuliers aux multiples du mètre carré. Ses sous-multiples sont :

1° Le décimètre - carré.
2° Le centimètre - carré.
3° Le millimètre - carré.

REMARQUE. Le décimètre carré est le carré qui a un décimètre de côté. Il est facile de remarquer au moyen de la figure suivante que le mètre carré contient 100 déci-

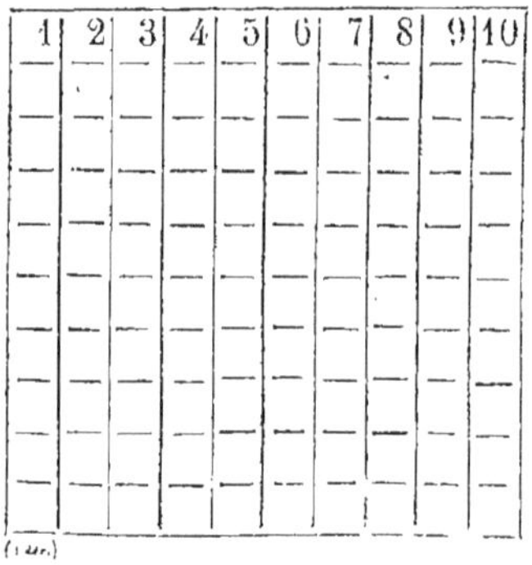

1	2	3	4	5	6	7	8	9	10

(1 dm.)

1 mètre

10 décimètres carrés.
10 id.
10 id.
10 id.
10 id.
10 id.
10 id.
10 id.
10 id.
10 id.
100 décimètres carrés.

mètres carrés. — Le décimètre carré est donc la centième partie du mètre carré. — Il n'y a pas pour cela aucumalie dans la signification attribuée aux mots *déci-centi*, etc., parce qu'on doit lire *déci*mètre carré et non décimètrecarré.

On verrait de même que le décimètre carré contient 100 centimètres carrés, etc., et par conséquent, que le mètre carré contient 10000 centimètres carrés.

Pour les grandes superficies comme celles des champs, on adopte une unité plus grande qui est l'*are*. L'are est un carré qui a 10 mètres de côté, de sorte qu'il contient 100 mètres carrés.

Le seul multiple de l'are est l'*hect*are qui vaut 100 ares ou 10000 mètres carrés. — C'est donc aussi un carré de 100 mètres de côté.

Le seul sous-multiple de l'are est le *centi*are ou centième partie de l'are. Comme l'are contient 100 mètres carrés, on voit que le centiare n'est autre chose que le mètre carré.

Quand on aura exprimé une surface en *mètres carrés*, on remarquera que le résultat représente des centiares, que les centaines représentent des ares, et les dizaines de mille, des hectares.

MESURES DE VOLUME OU DE SOLIDITÉ.

L'unité à laquelle on rapporte les volumes ou solides est le *mètre cube* qui s'appelle aussi *stère* quand il s'applique aux bois de chauffage. — On n'a pas donné de noms aux multiples du mètre cube. Ses sous-multiples sont :

Le décimètre cube ou cube de un décimètre de côté.
Le centimètre cube ou cube de un centimètre de côté.

REMARQUE. Si l'on considère un cube d'un mètre de côté et qu'on partage une de ses faces en cent décimètres carrés comme nous l'avons indiqué, à chacun de ces décimètres carrés correspondra dans le mètre cube un volume de 1 décimètre carré de base et de 1^m ou 10 décimètres de longueur, valant par conséquent 10 décimètres cubes. — Il y a donc dans tout le volume 100 fois 10 ou 1000 décimètres cubes. Donc le décimètre cube est la millième partie du mètre cube. On verrait de même que le centimètre cube est la millième partie du décimètre cube, ou la millionième partie du mètre cube.

Le stère n'a pas de multiple usité. On emploie quelquefois l'expression *déci*stère pour exprimer la dixième partie du stère.

MESURES DE CAPACITÉ.

L'unité de capacité est le *litre* qui a la même contenance qu'un cube creux de 1 décimètre de côté. On voit ainsi que le mètre cube contenant 1000 décimètres cubes, il faudrait 1000 litres pour remplir un mètre cube creux.

Les multiples du litre sont :

Le décalitre.
L'hectolitre.
Le kilolitre (très-rarement usité.)

Ses sous-multiples sont :

Le décilitre.
Le centilitre.

Pour mesurer les grains on se sert aussi du double décalitre.

UNITÉ DE POIDS.

L'unité de poids est le *gramme*. Le gramme est le poids d'un centimètre cube d'eau distillée et ramenée à la température de 4 degrés centigrades, où à poids égal elle occupe le plus petit volume.

Les multiples du gramme sont :

Le décagramme.
L'hectogramme.
Le kilogramme.
Le myriagramme (peu usité.)

Ses sous-multiples sont :

Le décigramme.
Le centigramme.
Le milligramme.

On emploie aussi comme multiples du gramme le quintal métrique qui vaut 100 kilogrammes et le millier qui vaut 1000 kilogrammes. Le millier est le poids d'un tonneau, terme de marine.

D'après la définition du gramme, pour avoir le poids d'un certain volume d'eau, il suffira de prendre le nombre qui exprime le volume. Ce nombre exprimera des grammes s'il est rapporté au centimètre cube, des kilogrammes s'il est rapporté au décimètre cube et des milliers de kilogrammes s'il est rapporté au mètre cube.

Pour avoir le poids d'un volume de toute autre substance, il suffit de savoir ce que pèse cette substance par rapport à l'eau, et comme on sait trouver le poids du volume d'eau, il est facile d'en déduire le poids de la substance.

Le nombre qui exprime ce qu'est le poids d'une substance par rapport au poids du même volume d'eau s'appelle la *densité* de la substance. Ainsi si un corps pèse deux fois plus qu'un même volume d'eau, la densité de ce corps est 2.

Comme le nombre qui représente le poids d'un volume d'eau est le même que celui qui représente ce volume lui-même, on peut dire que le poids d'un corps s'obtient en multipliant son volume par sa densité.

Il résulte de là que pour connaître le volume d'un corps, connaissant son poids et sa densité, il suffira de diviser le poids par la densité, et que pour connaître la densité d'un corps connaissant son poids et son volume, il suffira de diviser le poids par le volume.

Les densités des corps les plus utiles à connaître sont :

Pour l'or.	19,26
— le plomb	11,35
— l'argent.	10,47
— le cuivre	8,85
— l'étain	7,29
— le fer	7,20
— le zinc	7,19

UNITÉ DE MONNAIE.

L'unité de monnaie est le *franc*. Le franc est une pièce d'argent pesant 5 grammes et contenant un dixième de cuivre, de sorte qu'il n'y entre que neuf dixièmes d'argent pur.

Les seuls sous-multiples employés pour le franc sont :

Le *décime* ou dixième partie du franc.
Le *centime* ou centième partie du franc.

Les pièces de monnaie actuellement employées en France sont :

La pièce de 100 francs	en or.
Celle de 40 francs	
Celle de 20 francs	
Celle de 10 francs	
Celle de 5 francs	

Celle de 5 francs Celle de 2 francs Celle de 1 franc Celle de 50 centimes Celle de 20 centimes	en argent.

La pièce de 10 centimes Celle de 5 centimes Celle de 2 centimes Celle de 1 centime	en bronze.

Les pièces d'or comme celles d'argent contiennent un dixième de cuivre.

UNITÉ DE TEMPS.

Il y a une mesure qui n'a pas encore été ramenée au système décimal. — C'est celle du temps. — L'unité de temps est le *jour* qui se divise en 24 parties qu'on appelle *heures*, l'heure en 60 parties qu'on appelle *minutes*, la minute en 60 parties qu'on appelle *secondes*, et la seconde en 60 parties qu'on appelle *tierces* (peu usité.)

PROBLÈMES SUR LE SYSTÈME MÉTRIQUE.

98° Combien y a-t-il de mètres dans le tour de la terre ou un méridien ?

99° Combien y a-t-il de lieues de 4 kilomètres dans le tour de la terre ?

100° Quelle est en mètres la longueur de la lieue ancienne de 25 au degré ?

101° Combien y a-t-il de lieues dans une distance de 142 myriamètres ?

102° Combien y a-t-il de myriamètres dans une distance de 328 lieues ?

103° Combien y a-t-il de centimètres carrés dans 18 mètres carrés ?

104° Écrire en chiffres 2 mètres carrés 23 centimètres carrés.

105° Écrire en chiffres 6 décimètres carrés.

106° Écrire en chiffres 27 centimètres carrés.

107° Quelle est la surface d'un plancher rectangulaire qui a 6m, 25 de long et 4m, 75 de large?

108° La surface d'un plafond rectangulaire est de 32m, 75. — La longueur de ce plafond est de 6m, 75c. — Quelle est sa largeur?

109° Quelle est en hectares, ares et centiares la surface d'un champ rectangulaire de 238 mètres de longueur et 95 mètres de largeur?

110° La surface d'un champ rectangulaire est de 3 hectares 48 ares, sa longueur est de 318 mètres. — Quelle est sa largeur à un centimètre près?

111° Quelle est en hectares la surface d'une lieue carrée?

112° Écrire en chiffres, 2 mètres cubes 328 décimètres cubes.

113° Écrire en chiffres, 6 mètres cubes 3 décimètres cubes.

114° Écrire en chiffres, 28 centimètres cubes.

115° Quel est le volume d'un bloc cubique de pierre de 1m, 20 de hauteur, 2m, 30 de longueur et 0,80 de largeur?

116° Une chambre contient 112mc, 325, d'air. — Sa longueur est de 6m, 25. — Sa largeur est de 4m, 50. — Quelle est sa hauteur?

117° Un bassin de forme rectangulaire contient 12340 mètres cubes. — Sa superficie est de 6284 mètres carrés, quelle est sa profondeur?

118° Combien peut contenir de litres un cube de 5 mètres de côté?

119° On a un bassin contenant 15mc, 368457. — Combien faudrait-il de litres d'eau pour le remplir?

120° Quel est le poids d'un tonneau d'une capacité de 243l, 52 rempli d'eau, sachant que le tonneau vide pèse 15k, 328.

121° La densité d'une certaine espèce de vin est de 0,945. — Combien pèsent 5840 litres de ce vin?

122° Un tonneau de vin pèse 260 kilogrammes. — Le tonneau vide pèse 14 kg. — Combien ce tonneau renferme-t-il de litres de vin, sachant que la densité de ce vin est 0,95?

123° Quel est le poids d'un bloc de fer cubique de 0,25m de longueur, 0,48 de largeur et 0,27 d'épaisseur?

124° Un lingot en or de forme cubique pèse 1568 grammes. Son épaisseur est de 0,04, sa longueur, de 0,12. Quelle est sa largeur?

125° Le volume d'une masse d'argent est 0^{m}, 328. — Quel est son poids?

126° Un bloc de bois pèse 3248^{kg}. Son volume est de 4^{mc}, 347. — On demande sa densité.

127° Une masse d'or pèse 458 grammes. — Quel est son volume?

128° Quel est le poids d'une somme de 695 fr. en argent?

129° Quelle est la valeur d'une somme d'argent qui pèse 320^{kg}.?

130° Quel est le poids d'argent pur qui entre dans une somme de 2540 fr.?

131° Quelle est la proportion d'argent par rapport au cuivre dans les monnaies françaises?

132° On sait que dans une somme d'argent monnayé, il entre 8^{k}, 325 de cuivre. — Quelle est la valeur de cette somme?

133° Combien y a-t-il de pièces de 5 francs dans une somme qui contient 396^{kg}. d'argent pur?

134° Quelle serait la valeur d'un centimètre cube d'argent monnayé?

135° Quel est le volume de 1 franc?

DOUZIÈME LEÇON.

CARACTÈRES DE DIVISIBILITÉ.

Avant de passer à l'étude des fractions, nous allons nous occuper de quelques propriétés des nombres qui sont indispensables pour qu'on puisse arriver à effectuer complètement et avec rapidité les opérations et les simplifications auxquelles elles donnent lieu.

Nous indiquerons d'abord les caractères auxquels on peut reconnaître que des nombres donnés sont divisibles par certains diviseurs.

PREMIER PRINCIPE. Si plusieurs nombres sont divisibles

par un même diviseur, leur somme le sera aussi, puisque pour diviser une somme par un nombre, il suffit de diviser par ce nombre successivement chaque partie de la somme.

Il résulte de là qu'un nombre qui divise une somme et l'une de ses parties, divise aussi l'autre partie.

DEUXIÈME PRINCIPE. Si une somme se compose de deux parties, l'une divisible par un nombre et l'autre non divisible, le reste de la division de la somme par le nombre sera le même que celui que donnerait la partie non divisible, car pour faire la division de la somme, on peut commencer par diviser la partie divisible qui donnera une partie du quotient sans reste, le reste de l'opération ne dépendra donc que de la division de la seconde partie.

TROISIÈME PRINCIPE. Si un nombre est divisible par un autre, le produit de ce nombre par un nombre entier le sera également, puisque ce produit peut être considéré comme la somme d'un certain nombre de fois ce nombre divisible.

REMARQUE. Comme une puissance d'un nombre peut être considérée comme un produit de ce nombre par un nombre entier, il résulte du principe précédent que si un nombre en divise un autre, il divise aussi toutes les puissances de cet autre.

DIVISIBILITÉ PAR 2 ET PAR 5. Tout nombre de plus d'un chiffre se compose de deux parties : ses dizaines et ses unités; or, une dizaine ou $10 = 2 \times 5$ est divisible par 2 et par 5, il en est donc de même de toutes les dizaines du nombre. — On obtiendra donc le reste de la division d'un nombre par 2 ou par 5, en cherchant le reste de la division par 2 ou par 5 du chiffre de ses unités.

Les seuls chiffres divisibles par 2 sont : 0, 2, 4, 6 et 8, on les appelle chiffres *pairs*. Les seuls chiffres divisibles par 5 sont : 0 et 5. — On peut donc dire en résumé :

Un nombre est divisible par 2, si son dernier chiffre est

pair. — Il est divisible par 5, si son dernier chiffre est 0 ou 5.

DIVISIBILITÉ PAR 4 ET PAR 25. Tout nombre de plus de deux chiffres se compose de deux parties : ses centaines et le nombre formé par ses dizaines et ses unités. — Or, une centaine ou $100 = 10^2 = 2^2 \times 5^2 = 4 \times 25$ est divisible par 4 et par 25, il en est donc de même de toutes les centaines du nombre. — On obtiendra donc le reste d'un nombre par 4 ou par 25, en divisant le nombre formé par ses deux derniers chiffres à droite par 4 ou par 25. — Ou bien : on reconnaît qu'un nombre est divisible par 4 ou par 25, quand le nombre formé par ses deux derniers chiffres à droite est divisible par 4 ou 25.

REMARQUE. Par le même raisonnement on trouverait facilement les caractères de divisibilité par toutes les puissances de 2 et de 5.

DIVISIBILITÉ PAR 9. Si l'on prend un nombre formé d'un chiffre quelconque suivi d'un nombre quelconque de 0, 40000 par exemple, ce nombre est égal à un multiple de 9, plus le chiffre 4; en effet $10000 = 9999 + 1$ et 40000 ou 4 fois 10000 est égal à 4 fois $(9999 + 1)$ ou 4 fois 9999 qui est un multiple de 9, plus 4 fois 1 ou 4.

Si donc on prend un nombre quelconque $4582 = 4000 + 500 + 80 + 2$

comme 4000 = un multiple de 9 + 4
500 = ... + 5
80 = ... + 8
2 = ... 2

On voit que le nombre proposé se compose de plusieurs multiples de 9, plus la somme de ses chiffres. — On obtiendra donc le reste de la division d'un nombre par 9, en cherchant le reste de la division par 9 de la somme de ses chiffres pris avec leurs valeurs absolues, et par suite un nombre est divisible par 9 quand la somme de ses chiffres est divisible par 9.

REMARQUE. Comme le reste de la division d'un nombre par 9 ne change pas quand dans la somme des chiffres on néglige 9 ou un certain nombre de fois 9, dans la pratique, chaque fois qu'en additionnant les chiffres on arrive à une somme plus forte que 9, on lui substitue le reste qu'elle donne elle-même dans la division par 9, ce qui se fait également en additionnant les chiffres dont elle se compose. — Par la même raison on peut négliger dans l'addition les 9, ou plusieurs chiffres dont la somme fait 9. — Ces considérations permettent d'obtenir presque instantanément le reste de la division d'un nombre par 9. — Ainsi pour le nombre :

$$\begin{matrix} 8 & \mathit{4} & \mathit{5} & \mathit{6} & 4 & \mathit{3} & 2 & \mathit{9} & 6 & \mathit{6} & \mathit{3} & 1 \\ \vdots & & & & \vdots & & \vdots & & \vdots & & & \vdots \\ 8 & & & & 4 & & 2 & & 6 & & & 1 \end{matrix}$$

en négligeant 4 et 5, 6 et 3, 9, puis 6 et 3, nous dirons 8 et 4 font 12, $1 + 2 = 3$, 3 et 2 font 5 et 6 font 11, $1 + 1 = 2$, 2 et 1 font 3; 3 est le reste de la division par 9.

DIVISIBILITÉ PAR 3. Tout multiple de 9 étant un multiple de 3, et tout nombre étant un multiple de 9, augmenté de la somme de ses chiffres, il s'en suit que tout nombre est un multiple de 3 augmenté de la somme de ses chiffres; donc un nombre est ou non divisible par 3, selon que la somme de ses chiffres pris avec leurs valeurs absolues est ou non divisible par 3.

PREUVE PAR 9 DE LA MULTIPLICATION. La facilité avec laquelle on obtient le reste de la division d'un nombre par 9 peut être utilisée pour faire très-rapidement la preuve de la multiplication. Soit par exemple 4376 à multiplier par 8872.

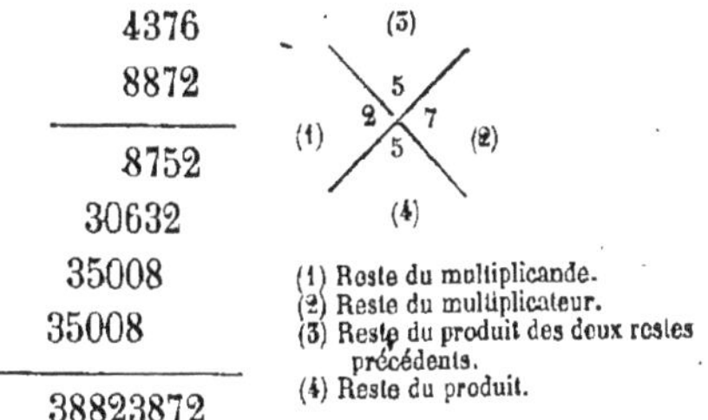

Le multiplicande est un multiple de 9 plus 2, le multiplicateur un multiple de 9 plus 7, le produit de ces deux nombres va donner quatre parties dont trois multiples de 9, et la quatrième, le produit des restes 2 et 7. — Donc le produit des nombres proposés excède le produit des restes de leur division par 9 d'un multiple de 9, donc les restes de leur division par 9 doivent être les mêmes ; $7 \times 2 = 14$ $1 + 4 = 5$, on doit donc trouver également 5 pour le reste de la division par 9 du produit.

Dans la pratique on dispose les calculs comme l'indique le tableau placé à la droite de l'opération.

REMARQUE. Quand on se trompe de 9 ou d'un multiple de 9 dans une multiplication, comme les restes de la division par 9 ne changent pas, cette preuve n'indiquera pas d'erreur; elle est donc assez incomplète. — Néanmoins il convient de l'employer à cause de la rapidité avec laquelle elle se fait.

On peut appliquer également la preuve par 9 aux autres opérations; en raisonnant comme pour la multiplication, on arrivera facilement à la règle générale suivante :

Pour faire la preuve par 9 d'une opération quelconque, il suffit de faire sur les restes des divisions par 9, les opérations que l'on ferait sur les nombres eux-mêmes si l'on voulait faire les preuves déjà indiquées, en ayant soin de supprimer toujours 9 autant de fois qu'il se présente dans les différents résultats.

TREIZIÈME LEÇON.

NOMBRE PREMIER. Un nombre est *premier*, quand il n'admet pas d'autre diviseur que lui-même et l'unité.

NOMBRES PREMIERS ENTR'EUX. Deux nombres sont *premiers entr'eux*, quand ils n'admettent d'autre diviseur commun que l'unité.

POUR RECONNAÎTRE SI UN NOMBRE DONNÉ, 79 par exemple, EST UN NOMBRE PREMIER, on cherche soit par division, soit au moyen des caractères de divisibilité que l'on connaît, si ce nombre est divisible par les nombres premiers successifs : 2, 3, 5, 7, 11, 13, etc.

Nous voyons que 79 n'est pas divisible ni par 2, ni par 3, ni par 5 ; 7 donne pour reste 2, 11 donne pour reste 2. Ainsi 79 n'est divisible par aucun nombre premier, inférieur à 11, il ne l'est pas non plus par un nombre non premier, car s'il était divisible par 9, il le serait par 2 et par 3 ; de plus, et comme le diviseur 11 donne un quotient plus faible que lui-même, 79 n'est divisible par aucun nombre supérieur à 11, car si un diviseur plus grand ne donnait pas de reste, le quotient qui serait plus petit que 11 diviserait exactement 79, ce qui est impossible ; 79 est donc un nombre premier. On voit donc que pour reconnaître si un nombre donné est premier, il suffit de le diviser par les plus petits nombres premiers successifs, jusqu'à ce qu'on arrive à un diviseur qui donne un quotient plus petit que lui-même. S'il n'est divisible par aucun de ces nombres premiers, il est premier lui-même.

Si le nombre proposé n'est pas un nombre premier, on trouvera ainsi les facteurs premiers qui le composent.

Soit donné par exemple le nombre 420. — 420 est divisible par 2 — $420 = 210 \times 2$; le quotient 210 est encore divisible par 2 — $210 = 105 \times 2$; — donc $420 = 105 \times 2 \times 2$; 105 est divisible par 3 — $105 = 35 \times 3$; donc $420 = 35 \times 3 \times 2 \times 2$. Enfin 35 est divisible par 5 — $35 = 7 \times 5$; donc $420 = 7 \times 5 \times 3 \times 2 \times 2 = 7 \times 5 \times 3 \times 2^2$.

Dans la pratique, on dispose le calcul de la manière suivante :

$$\begin{array}{r|l} 420 & 2 \\ 210 & 2 \\ 105 & 3 \\ 35 & 5 \\ 7 & 7 \\ 1 & \end{array} \qquad 420 = 2^2 \times 3 \times 5 \times 7.$$

Il est même beaucoup plus simple de faire cette décomposition de tête, ce qui devient très-facile avec un peu d'exercice. — Ainsi pour le nombre 420, en laissant de côté le facteur $10 = 5 \times 2$, on n'a plus à considérer que $42 = 6 \times 7$ ou $2 \times 3 \times 7$. — En réduisant ces facteurs aux précédents, on a $420 = 5 \times 2 \times 2 \times 3 \times 7 = 2^2 \times 3 \times 5 \times 7$.

Veut-on décomposer de la même manière le nombre 360? on aura : $360 = 36 \times 10 = 4 \times 9 \times 10 = 2^2 \times 3^2 \times 2 \times 5 = 2^3 \times 3^2 \times 5$ (1).

(1) Cet exercice est d'une très-grande utilité pour la réduction des fractions au plus petit dénominateur commun.

Pour reconnaître si deux nombres sont premiers entr'eux, il suffit de chercher le plus grand nombre qui les divise tous les deux, c'est-à-dire leur plus grand diviseur commun. — Si ce plus grand diviseur est l'unité, c'est que les nombres proposés sont premiers entr'eux.

RECHERCHE DU PLUS GRAND COMMUN DIVISEUR (P. G. C. D.) DE DEUX NOMBRES.

Remarquons d'abord que dans toute division, le dividende peut être considéré comme une somme de deux parties : le produit du diviseur par le quotient et le reste. Donc tout nombre qui divise la somme qui est le dividende et le diviseur, et par suite le diviseur multiplié par le quotient, qui forme l'une des parties de la somme, divise aussi l'autre partie qui est le reste; et tout nombre qui divise le reste et le diviseur, et par suite le reste et le produit du diviseur par le quotient, divise aussi la somme des deux parties qui est le dividende; donc le dividende et le diviseur d'une part et le diviseur et le reste d'une autre part admettent tous les mêmes diviseurs communs, ils admettent donc le même plus grand commun diviseur.

Cela posé, soit à chercher le plus grand commun diviseur des deux nombres 4380 et 2628.

	1	1	2
4380	2628	1752	876
1752	876	000	

Nous dirons : le diviseur commun, le plus grand des deux nombres, devant diviser 2628, ne peut le surpasser; or, 2628 se divise lui-même, si donc il divisait 4380, il serait le plus grand commun diviseur cherché. — On est donc conduit à diviser le plus grand des deux nombres par le plus petit. 4380 divisé par 2628 donne pour reste 1752, 2628 n'est donc pas le plus grand commun diviseur cherché; mais nous savons *que ce plus grand commun diviseur est le même que celui qui existe entre le diviseur 2628 et le reste 1752;* on est donc conduit par le même raisonnement que précédemment à diviser le diviseur 2628 par le reste 1752. — Dans cette nouvelle division, on obtient 876 pour reste; 1752 n'est donc pas le plus grand commun diviseur cherché; mais nous savons que ce plus grand commun diviseur est le même que celui qui existe entre le diviseur 1752 et le nouveau reste 876; on est donc conduit à diviser encore 1752 par 876, et comme on ne trouve pas de reste, 876 est donc le plus grand commun diviseur.

En général, pour trouver le plus grand commun diviseur de deux nombres, on divise le plus grand par le plus petit, le plus petit par le reste obtenu, ce premier reste par le second et ainsi de suite jusqu'à ce qu'on arrive à un reste nul ou égal à l'unité; dans le premier cas, le dernier diviseur est le plus grand commun diviseur cherché, dans le second, les deux nombres proposés sont premiers entr'eux.

RECHERCHE DU PLUS GRAND COMMUN DIVISEUR
ENTRE PLUS DE DEUX NOMBRES.

Pour trouver le plus grand commun diviseur entre plus de deux nombres, on pourrait avoir recours à un procédé analogue, mais il est plus simple d'employer le procédé que nous allons indiquer au moyen de la décomposition en facteurs premiers et qui s'applique également au cas de deux nombres. Avant d'exposer ce procédé, nous allons d'abord faire les deux observations suivantes :

1° Si un nombre contient tous les facteurs d'un autre et

en nombres de fois au moins égaux, le premier est divisible par le second. — En effet, le quotient des deux nombres ne changeant pas quand on les divise tous deux par un même nombre, si on supprime successivement tous les facteurs du diviseur dans les deux nombres, le diviseur deviendra l'unité, et par suite le quotient sera le dividende dans lequel on aura supprimé les facteurs du diviseur (1).

2° Si deux nombres sont décomposés en facteurs premiers, et si le premier ne contient pas tous les facteurs premiers du second ou les contient un nombre de fois moins grand, il n'est pas divisible par le second. En effet, si l'on supprime d'abord les facteurs communs, ce qui ne change pas le quotient, il ne restera dans le diviseur que des facteurs premiers différents de ceux qui restent dans le dividende et qui ne peuvent diviser le dividende, puisque ce dernier n'est divisible que par les facteurs premiers qu'il renferme encore.

Soit proposé maintenant de trouver le plus grand commun diviseur entre les nombres 360, 1008 et 540. — En décomposant ces nombres en facteurs premiers, on trouve :

$$360 = 2^3 \times 3^2 \times 5$$
$$1008 = 2^4 \times 3^2 \times 7$$
$$540 = 2^2 \times 3^3 \times 5$$

Tout nombre divisant les trois nombres donnés ne doit contenir que les facteurs 2 et 3, communs à tous, on aura donc le plus grand commun diviseur si l'on prend un produit de ces deux facteurs avec les plus forts exposants qu'ils sont susceptibles d'avoir pour diviser les trois nombres. —

(1) Il résulte de là qu'un nombre divisible par 2 et par 3, l'est par 6, qu'un nombre divisible par 3 et par 5 l'est par 15, etc. — Ces caractères de divisibilité ont peu d'importance dans la pratique.

Or, ce produit ne peut contenir plus de deux fois le facteur 2, puisque 540 et 1008 qu'il doit diviser ne contiennent que deux fois ce facteur 2; il ne peut contenir plus de deux fois le facteur 3, puisque 360 et 1008 qu'il doit diviser ne contiennent que deux fois ce facteur 3. Le plus grand commun diviseur est donc $2^2 \times 3^2 = 4 \times 9 = 36$.

En général, pour trouver le plus grand commun diviseur de plusieurs nombres, on décompose ces nombres en leurs facteurs premiers et l'on fait le produit de tous les facteurs communs à tous les nombres, chacun de ces facteurs étant affecté de son plus faible exposant.

RECHERCHE DU PLUS PETIT COMMUN MULTIPLE (P. P. C. M.) A PLUSIEURS NOMBRES.

On a aussi quelquefois besoin de chercher le plus petit nombre divisible à la fois par plusieurs nombres donnés, c'est-à-dire leur *plus petit commun multiple.* Les observations précédentes suffisent également pour le faire trouver. Soient en effet les mêmes nombres que précédemment

$$360 = 2^3 \times 3^2 \times 5$$
$$1008 = 2^4 \times 3^2 \times 7$$
$$540 \times 2^2 \times 3^3 \times 5$$

Tout nombre divisible par chacun de ces nombres proposés doit nécessairement contenir les facteurs 2, 3, 5 et 7 qui entrent dans ces nombres. Si donc on fait le produit de ces facteurs pris avec les plus petits exposants possibles, on aura le plus petit commun multiple cherché. — Or, pour être divisible par 1008, ce produit devra contenir au moins quatre fois le facteur 2, pour être divisible par 540, il devra contenir au moins trois fois le facteur 3. Il suffit d'ailleurs qu'il contienne une fois le facteur 5 et une fois le facteur 7, le plus petit commun multiple demandé est donc :

$$2^4 \times 3^3 \times 5 \times 7 = 16 \times 27 \times 5 \times 7 = 15120.$$

En général, pour trouver le plus petit commun multiple de plusieurs nombres, on décompose ces nombres en leurs facteurs premiers et l'on fait le produit de tous les facteurs différents trouvés; chacun de ces facteurs étant affecté de son plus fort exposant.

REMARQUE. Il est clair d'après ce qui précède que si les nombres proposés sont terminés par des zéros, pour obtenir leur plus grand commun diviseur ou leur plus petit commun multiple, il suffit d'opérer sur les nombres qu'on obtient en supprimant le même nombre de zéros à leur droite, pourvu qu'on en ajoute le même nombre à la droite du résultat.

EXERCICES.

136° Reconnaître si les nombres suivants : 389700, 570, 375, 2925, 4632, sont divisibles par 2, par 4, par 3, par 9, par 5, par 25.

137° Reconnaître si les nombres 91, 103, 143 sont des nombres premiers.

138° Trouver le plus grand commun diviseur des nombres

5183 et 1971
92400 et 7920
827 et 743.

139° Trouver le plus grand commun diviseur des nombres 5040, 1612, 2016 et 3528.

140° Trouver le plus petit commun multiple des mêmes nombres.

141° Trouver le plus grand commun diviseur des nombres 3600, 1440, 7200 et 960.

142° Trouver le plus petit commun multiple des mêmes nombres.

143° Trouver le plus petit commun multiple des nombres 12, 18, 36, 48 et 60.

QUATORZIÈME LEÇON.

DES FRACTIONS (1).

Nous avons vu comment une division qui ne s'effectue pas exactement conduit à la considération des fractions. — Ainsi en supposant que 5 soit le diviseur d'une division donnée, et 3 le reste qu'on obtient en faisant l'opération, pour compléter le quotient, il faut y ajouter le résultat de la division de 3 par 5, qu'on est convenu de représenter par $\frac{3}{5}$. — On peut aussi considérer ce résultat comme représentant trois fois la cinquième partie de l'unité, car si l'on avait eu à partager une unité en cinq parties égales, le résultat aurait été $\frac{1}{5}$, et comme on a trois fois une unité, le résultat est trois fois $\frac{1}{5}$, donc $\frac{3}{5}$ et trois fois $\frac{1}{5}$ sont identiques.

On peut donc dire aussi qu'*une fraction est un nombre formé d'une ou de plusieurs parties de l'unité égales entre elles*. Le nombre 5, qui indique en combien de parties égales l'unité a été partagée, s'appelle *dénominateur*, et le nombre 3, qui indique combien on prend de ces parties, s'appelle *numérateur*.

Pour énoncer une fraction, on énonce successivement le numérateur et le dénominateur en faisant suivre ce dernier de la terminaison *ième*. Ainsi $\frac{3}{5}$ s'énonce : trois cinq *ièmes*. Il y a exception pour les cas où le dénominateur est un des nombres 2, 3 ou 4 ; dans ce cas on se sert des expressions *demi, tiers, quart*. Ainsi $\frac{1}{2}$, $\frac{2}{3}$, $\frac{3}{4}$ s'énoncent *un demi, deux tiers, trois quarts*.

(1) Le mot fraction en lui-même renferme l'idée de toute partie plus petite que l'unité, commensurable ou non, mais ici nous n'étudions que les fractions commensurables.

Quand l'indication d'une division d'un nombre plus grand par un nombre plus petit se fait au moyen du signe —— placé entre les deux nombres, on appelle cette expression *nombre fractionnaire* pour la distinguer d'une fraction proprement dite dans laquelle le numérateur est toujours plus petit que le dénominateur. Toutefois les principes que nous allons donner sur les fractions proprement dites s'appliquent également aux nombres fractionnaires.

Pour avoir une idée bien nette d'une fraction, on peut la représenter d'une manière en quelque sorte matérielle au moyen d'une ligne droite. Soit, par exemple, la ligne droite A B, si on partage cette ligne en cinq parties

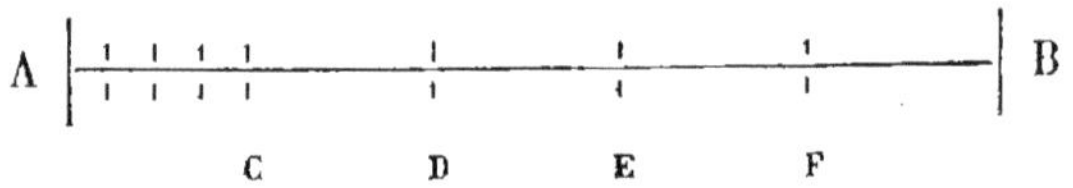

A B

C D E F

égales, A C, C D, D E, E F et F B, chacune de ces parties sera le $\frac{1}{5}$ de A B, et si l'on prend trois de ces parties, A E représentera $\frac{3}{5}$ de A B.

Si maintenant on partage A C en quatre parties égales, chacune de ces dernières parties sera le quart de $\frac{1}{5}$; d'ailleurs il y a vingt de ces parties dans la ligne entière, puisque chacun des cinq cinquièmes en contient quatre, donc ce quart de $\frac{1}{5}$ n'est autre chose que $\frac{1}{20}$; donc, en multipliant le dénominateur d'une fraction par un nombre, on remplace les parties que représentait cette fraction par des parties qui sont ce nombre de fois plus petites.

PRINCIPES SUR LES FRACTIONS.

Les observations que nous avons faites sur la division suffisent pour justifier les principes que nous allons exposer, mais nous en rendrons l'évidence encore plus grande au moyen de quelques mots d'explication.

Soit la fraction $\frac{3}{5}$: 1° *Si l'on multiplie son dénominateur par 4 sans toucher au numérateur, la fraction deviendra quatre fois plus petite*, car on prend le même nombre de parties, et ces parties sont quatre fois plus petites.

2° *Si, sans toucher au dénominateur, on rend le numérateur quatre fois plus grand, la fraction est rendue quatre fois plus grande*, car on considère toujours des parties égales de l'unité et on en prend quatre fois plus.

3° *Si l'on multiplie à la fois le numérateur et le dénominateur par un même nombre*, la fraction ne change pas, ce qui résulte des deux principes précédents.

On verrait d'une manière tout-à-fait analogue que :

1° *Si l'on divise le dénominateur d'une fraction par un nombre, sans toucher au numérateur, la fraction est multipliée par ce nombre.*

2° *Si l'on divise le numérateur par un nombre sans toucher au dénominateur, la fraction est divisée par ce nombre.*

3° *Si l'on divise à la fois le numérateur et le dénominateur par un même nombre, la fraction ne change pas.*

SIMPLIFICATION DES FRACTIONS.

D'après le dernier principe énoncé, quand on verra un facteur commun au numérateur et au dénominateur d'une fraction, on pourra diviser les deux termes de la fraction par ce facteur sans changer sa valeur, et la fraction sera simplifiée puisque ses deux termes seront moindres.

On pourra recommencer cette opération tant que l'on reconnaîtra des facteurs communs au numérateur et au dénominateur.

Telle est la marche que l'on suit habituellement pour simplifier les fractions; mais en opérant ainsi, il peut se présenter tels facteurs divisant à la fois les deux termes et que l'on ne sait pas reconnaître, et telle fraction peut être simplifiée qui, au premier aspect, paraît ne pas pouvoir l'être ; exemple : $\frac{531}{649}=\frac{9\times 59}{11\times 59}=\frac{9}{11}$. Mais si on cherche le plus grand commun diviseur des deux termes, comme ce plus grand diviseur est le produit de tous les facteurs qui leur sont communs, on sera certain après avoir divisé les deux termes par ce plus grand commun diviseur, qu'ils ne renferment plus de facteur commun, et alors la fraction obtenue ainsi est dite *irréductible* ou *réduite à sa plus simple expression.*

Donc pour réduire une fraction donnée à sa plus simple expression, il suffit de diviser ses deux termes par leur plus grand commun diviseur.

RÉDUCTION DES FRACTIONS AU MÊME DÉNOMINATEUR.

On a souvent besoin dans les opérations sur les fractions de les avoir toutes avec le même dénominateur. — Si elles ne l'ont pas, il est facile de les y ramener, en s'appuyant sur ce principe qu'une fraction ne change pas de valeur quand on multiplie ses deux termes par un même nombre. — Supposons qu'il s'agisse des deux fractions $\frac{2}{3}$ et $\frac{4}{5}$; la première ne changera pas si l'on multiplie ses deux termes par 5, dénominateur de la seconde, et la seconde ne changera pas, si l'on multiplie ses deux termes par 3, dénominateur de la première. Après cette double opération, les fractions obtenues $\frac{2\times 5}{3\times 5}$ et $\frac{4\times 3}{5\times 3}$ seront égales aux fractions proposées et elles auront toutes deux pour dénominateur, le produit des dénominateurs des deux fractions données. Donc : *pour réduire deux fractions au même dénominateur, il suffit de multiplier les deux termes de chacune par le dénominateur de l'autre.*

S'il s'agissait de plus de deux fractions, il suffirait de multiplier les deux termes de chacune par le produit des dénominateurs de toutes les autres. De cette manière aucune fraction ne change de valeur, et toutes ont pour dénominateur le produit de tous les dénominateurs des fractions proposées.

Si les termes des fractions sont des nombres assez grands, ce procédé conduit à un dénominateur très-considérable, et, par suite, les calculs peuvent devenir d'une très-grande complication ; pour éviter cet inconvénient, il est mieux de réduire les fractions au plus petit dénominateur commun.

Si les fractions sont réduites à leur plus simple expression, ce qu'il est toujours permis de supposer, ce dénominateur commun sera nécessairement un multiple de tous les dénominateurs, puisque pour y arriver, on doit multiplier les deux termes de chaque fraction par un même nombre, et par suite il sera le plus petit possible, s'il est le *plus petit* multiple commun de tous les dénominateurs. — Ce plus petit multiple commun trouvé, il suffira pour ramener chaque fraction à l'avoir pour dénominateur, de chercher le quotient de sa division par le dénominateur de la fraction considérée, ce quotient sera le nombre par lequel il faudra multiplier ses deux termes. Donc :

Pour réduire plusieurs fractions à leur plus petit dénominateur commun, on cherche le plus petit commun multiple de tous les dénominateurs, et on multiplie les deux termes de chaque fraction par le quotient de la division de ce plus petit commun multiple par son dénominateur.

EXEMPLE. Soient données les fractions $\frac{3}{4}$, $\frac{7}{16}$, $\frac{4}{9}$, $\frac{23}{36}$ et $\frac{5}{48}$ — On remarquera que $4 = 2^2$, $16 = 2^4$, $9 = 3^2$, $36 = 2^2 \times 3^2$ et $48 = 2^4 \times 3$ et par suite que le plus petit commun multiple des dénominateurs est $2^4 \times 3^2 = 16 \times 9 = 144$, 144 est donc le plus petit dénominateur commun. Il suffira donc pour réduire toutes les fractions à ce plus petit dénominateur commun, de multiplier les deux termes de la première par $\frac{2^4 \times 3^2}{2^2} = 2^2 \times 3^2 = 4 \times 9 = 36$, les deux termes de la seconde par $\frac{2^4 \times 3^2}{2^4} = 3^2 = 9$, les deux termes de la troisième par $\frac{2^4 \times 3^2}{3^2} = 2^4 = 16$, les deux termes de la quatrième par $\frac{2^4 \times 3^2}{2^2 \times 3^2} = 2^2 = 4$ et enfin les deux termes de la dernière par $\frac{2^4 \times 3^2}{2^4 \times 3} = 3$. On aura donc pour résultats :

$$\frac{3 \times 36}{144}, \frac{7 \times 9}{144}, \frac{4 \times 16}{144}, \frac{23 \times 4}{144}, \frac{5 \times 3}{144}$$

$$\text{ou } \frac{108}{144}, \frac{63}{144}, \frac{64}{144}, \frac{92}{144}, \frac{15}{144}$$

Si on avait opéré par le procédé général, on aurait obtenu :

$$\frac{746496}{995328}, \frac{435456}{995328}, \frac{442368}{995328}, \frac{635904}{995328}, \frac{58320}{995328}$$

La réduction des fractions au même dénominateur permet de comparer entr'elles des fractions dont à première vue on ne peut pas bien reconnaître la différence de grandeur. — Ainsi si l'on demandait la plus grande des deux fractions $\frac{4}{7}$ et $\frac{13}{22}$, on ne pourrait le dire à l'inspection seule de ces fractions; mais si on les réduit au même dénominateur, les résultats $\frac{88}{154}$ et $\frac{91}{154}$ montrent que la seconde fraction est la plus grande puisqu'elle contient un plus grand nombre de parties égales de l'unité.

QUINZIÈME LEÇON.

ADDITION DES FRACTIONS.

1° Si les fractions ont même dénominateur, comme on a partout des parties égales de l'unité, il suffira d'ajouter les nombres qui expriment combien on a de ces parties, c'est-à-dire les numérateurs, et d'exprimer que cette somme représente encore des mêmes parties en lui donnant le dénominateur commun.

Ainsi $\frac{5}{11} + \frac{3}{11} + \frac{2}{11} = \frac{5 + 3 + 2}{11} = \frac{10}{11}$.

2° Si les fractions n'ont pas le même dénominateur, on commence par les y réduire et on opère alors comme dans le cas précédent.

Ainsi $\frac{2}{5} + \frac{3}{7} = \frac{14}{35} + \frac{15}{35} = \frac{29}{35}$.

RÉDUCTION DES ENTIERS EN FRACTIONS
ET EXTRACTION DES ENTIERS CONTENUS DANS UN NOMBRE FRACTIONNAIRE.

Supposons qu'on ait un nombre entier joint à une fraction $4 + \frac{5}{7}$ et qu'on veuille réduire cette expression en un nombre fractionnaire, on remarquera que, une unité valant $\frac{7}{7}$, 4 unités valent $\frac{7 \times 4}{7}$ ou $\frac{28}{7}$, et par suite on n'a plus qu'à ajouter $\frac{5}{7}$ à $\frac{28}{7}$, ce qui donne $\frac{28 \times 5}{7} = \frac{33}{7}$. — Donc : *pour réduire un nombre entier joint à une fraction en un nombre fractionnaire, il suffit de multiplier le nombre entier par le dénominateur de la fraction, d'ajouter le numérateur au produit et de donner pour dénominateur au résultat le dénominateur de la fraction.*

Si l'on avait au contraire à extraire les entiers contenus dans un nombre fractionnaire, il suffirait de remarquer que ce nombre fractionnaire n'étant autre chose que l'indication d'une division, on obtiendra les entiers en divisant le numérateur par le dénominateur et on complètera ce quotient comme il a été dit dans la division des nombres entiers.

Ainsi l'on aura : $\frac{23}{5} = 4 + \frac{3}{5}$.

Si l'on a à ajouter des entiers joints à des fractions, on pourra d'abord réduire les entiers en fractions, opérer ensuite comme il a été dit sur les fractions proprement dites, puis extraire les entiers contenus dans le nombre fractionnaire résultant ; ou bien : ajouter ensemble les fractions, extraire, s'il y a lieu, les entiers contenus dans la somme, puis ajouter ces entiers de retenue à la somme des nombres entiers donnés.

SOUSTRACTION DES FRACTIONS.

1° Si les fractions ont un même dénominateur, par un raisonnement semblable à celui qui a été fait pour l'addition, on reconnaîtra que *pour avoir leur différence, il suffit de retrancher le numérateur de la plus petite de celui de la plus grande, et de donner pour dénominateur au reste obtenu, le dénominateur commun.*

2° Si les fractions n'ont pas le même dénominateur, on commence par les y réduire, et alors on opère comme dans le cas précédent.

Si l'on a à soustraire un nombre composé d'un nombre entier et d'une fraction d'un autre nombre semblable, on peut réduire les entiers en fractions et opérer comme pour les fractions proprement dites, puis extraire les entiers du reste s'il y a lieu ; ou bien retrancher la fraction du plus petit nombre de celle du plus grand, puis la plus petite partie entière de la plus grande. — Lorsqu'il arrive que la fraction du plus petit nombre surpasse celle du plus grand, on augmente le numérateur de cette dernière de son numérateur, ce qui revient à augmenter de 1 le plus grand nombre, et alors par compensation on augmente de 1 la partie entière du plus petit nombre.

MULTIPLICATION DES FRACTIONS.

1° Nous avons déjà dit que pour multiplier une fraction par un nombre entier, il suffit de multiplier son numérateur ou de diviser son dénominateur par ce nombre entier.

2° Soit à multiplier maintenant un nombre entier 5 par une fraction $\frac{7}{24}$. Le multiplicateur contenant sept fois $\frac{1}{24}$ de l'unité, le produit contiendra 7 fois $\frac{1}{24}$ du multiplicande 5, or, la vingt-quatrième partie de 5 est $\frac{5}{24}$, et pour répéter cette quantité sept fois, il suffit de multiplier le numérateur 5 par 7, de sorte que le produit demandé est $\frac{5 \times 7}{24} = \frac{35}{24}$.

Donc pour multiplier un nombre entier par une fraction, il suffit de multiplier le nombre entier par le numérateur et de donner pour dénominateur au produit le dénominateur de la fraction.

3° Soit enfin à multiplier une fraction $\frac{3}{4}$ par une autre fraction $\frac{5}{7}$; il s'agit encore de chercher cinq fois le $\frac{1}{7}$ de $\frac{3}{4}$; or, d'après un principe précédent, le $\frac{1}{7}$ de $\frac{3}{4}$ est $\frac{3}{4 \times 7}$, et pour répéter cette quantité cinq fois, il suffit de multiplier le numérateur 3 par 5, de sorte que le produit demandé est $\frac{3 \times 5}{4 \times 7} = \frac{15}{28}$. Donc pour multiplier deux fractions l'une par l'autre, il suffit de multiplier les numérateurs entr'eux et les dénominateurs aussi entr'eux.

Dans la pratique, il convient d'indiquer les multiplications avant de les effectuer, parce qu'il peut se trouver des facteurs communs aux deux termes qu'il est plus facile de supprimer.

Remarquons que multiplier une quantité quelconque par une fraction, $\frac{5}{7}$ par exemple, c'est diminuer cette quantité, puisque le multiplicateur $\frac{5}{7}$ est plus petit que l'unité. Remarquons aussi que multiplier une quantité par $\frac{5}{7}$ ou en prendre les $\frac{5}{7}$, c'est tout-à-fait la même chose, tout aussi bien que multiplier une quantité par 2, par 3, etc., c'est en prendre le double, le triple, etc. (1).

Pour multiplier des entiers joints à des fractions par des entiers joints à des fractions, il suffit de réduire les entiers en fractions, d'effectuer la multiplication comme pour les fractions proprement dites, puis d'extraire les entiers du résultat (2).

DIVISION DES FRACTIONS.

1° Nous avons déjà dit que pour diviser une fraction par

(1) Nous avons cru devoir faire ces remarques, assez inutiles pour ceux qui réfléchissent, parce que nous avons été à même de reconnaître que pour le plus grand nombre des élèves, l'idée de multiplication est inséparable de celle d'augmentation, et l'idée de division inséparable de celle de division; pour eux prendre les $\frac{5}{7}$ d'un nombre, c'est diviser ce nombre par $\frac{5}{7}$.

(2) On peut opérer aussi d'une autre manière, mais comme ce procédé est trop long pour être jamais employé dans la pratique, nous le passons sous silence.

un nombre entier, il suffit de multiplier son dénominateur ou en divisant son numérateur par ce nombre entier.

2° Soit à diviser maintenant un nombre entier 4 par une fraction $\frac{3}{5}$. — Le dividende 4, étant le produit du quotient cherché par le diviseur $\frac{3}{5}$, représente les $\frac{3}{5}$ du quotient; si les $\frac{3}{5}$ du quotient valent 4, $\frac{1}{5}$ du quotient vaudra trois fois moins ou $\frac{4}{3}$; et par suite les $\frac{5}{5}$ du quotient ou le quotient tout entier vaudra $\frac{4 \times 5}{3}$. — On voit qu'on obtient le même résultat que si l'on avait eu à multiplier le nombre 4 par le diviseur renversé $\frac{5}{3}$.

3° Par un raisonnement identique, on ferait voir que *pour diviser une fraction par une fraction, il suffit de multiplier la fraction dividende par la fraction diviseur renversée.*

Comme pour la multiplication, il convient d'indiquer les opérations au lieu d'écrire tout de suite les produits, à cause des simplifications qui peuvent se présenter.

Quand on a à diviser des entiers joints à des fractions par des entiers joints à des fractions, on réduit les entiers en fractions et on opère comme sur des fractions proprement dites.

OBSERVATION. Les élèves sont toujours embarrassés pour reconnaître qu'un problème donne lieu à une division de fractions. Il est à remarquer que dans presque tous les cas, c'est la seconde définition de la division qui indique cette division; du reste, que l'opération à faire porte ou non le nom de division, le raisonnement indique toujours les opérations partielles à effectuer.

EXEMPLE. Les $\frac{5}{8}$ d'une marchandise ont coûté 20 fr., quel est le prix de la marchandise totale. — Si l'on connaissait le prix total de la marchandise, en le multipliant par $\frac{5}{8}$, on devrait obtenir 20. — Il s'agit donc de trouver un nombre qui multiplié par un nombre donné $\frac{5}{8}$ reproduise un autre nombre donné 20. C'est donc une division qu'on a à effectuer.

Mais on peut dire également : si les $\frac{5}{8}$ de la marchandise coûtent 20 fr., $\frac{1}{8}$ coûtera cinq fois moins ou $\frac{20}{5}$ et les $\frac{8}{8}$ ou la marchandise entière coûtera huit fois plus ou $\frac{20 \times 8}{5}$; on voit donc que le raisonnement conduit naturellement à la répétition de la théorie que nous avons donnée pour la division.

FRACTIONS DE FRACTIONS.

Supposons qu'on ait à prendre les $\frac{2}{3}$ de $\frac{3}{4}$, ce sera chercher la valeur d'une partie en fraction d'une autre fraction, et d'après ce que nous avons dit dans la multiplication des fractions, la valeur de cette fraction sera $\frac{2 \times 3}{3 \times 4}$. — Supposons qu'il faille encore prendre les $\frac{4}{5}$ de cette quantité, ce sera prendre les $\frac{4}{5}$ des $\frac{2}{3}$ de $\frac{3}{4}$ ou les $\frac{4}{5}$ de $\frac{2 \times 3}{3 \times 4}$ et la valeur de cette nouvelle fraction de fraction sera $\frac{2 \times 3 \times 4}{3 \times 4 \times 5}$ et ainsi de suite, quelque soit le nombre des fractions à considérer.

Donc pour réduire un nombre quelconque de fractions de fractions en une seule, il suffit de multiplier les numérateurs entr'eux et les dénominateurs aussi entr'eux.

Avant d'effectuer les multiplications du multiplicande et du multiplicateur, il conviendra de supprimer les facteurs communs aux deux termes, cela abrègera la simplification; ainsi dans le résultat précédent, on pourra supprimer les facteurs 3 et 4 communs aux deux termes et on obtient ainsi pour résultat $\frac{2}{5}$.

CONVERSION DES FRACTIONS ORDINAIRES
EN FRACTIONS DÉCIMALES ET RÉCIPROQUEMENT.

Pour convertir une fraction ordinaire en fraction décimale, il suffit d'effectuer la division indiquée du numérateur par le dénominateur, en ajoutant à la droite du numérateur autant de zéros qu'on veut obtenir de chiffres décimaux au quotient.

On peut remarquer qu'ajouter des zéros à la droite du numérateur, cela revient à le multiplier par des puissances de 10 ou de 2 et de 5, puisque $10 = 2 \times 5$; si donc la fraction proposée étant réduite à sa plus simple expression ne contient pas d'autre facteur que 2 et 5, on finira par rendre le numérateur divisible par le dénominateur et l'opération se terminera ; si au contraire le dénominateur contient d'autres facteurs que 2 et 5, comme le numérateur ne contient aucun de ces facteurs et qu'on ne les introduit pas pour l'addition des zéros, jamais le dividende ne sera divisible par le diviseur, et l'opération ne se terminera jamais.

Dans ce dernier cas, après un nombre de divisions au plus égal au nombre des unités du diviseur, on retombera sur un reste déjà obtenu, et par suite sur une même série de restes et une même série de chiffres au quotient. — On dit alors que la fraction décimale est *périodique*.

Nous ne nous arrêterons pas sur ces espèces de fractions à cause de leur peu d'utilité.

Pour convertir un nombre décimal en un nombre fractionnaire équivalent, il suffit de supprimer la virgule dans le nombre décimal et de lui donner pour dénominateur l'unité suivie d'autant de zéros qu'il contenait de chiffres décimaux.

Cela résulte des deux conventions faites pour écrire les nombres décimaux et les nombres fractionnaires. — En effet, si l'on énonce par exemple : 8 centièmes ; d'après la convention faite dans la numération des nombres décimaux, ce nombre s'écrira : 0,08, et d'après la convention faite pour énoncer les fractions en général, ce nombre pourra également s'écrire : $\frac{8}{100}$.

EXERCICES SUR LES FRACTIONS.

144° Réduire les fractions suivantes à leur plus simple expression :

$\frac{8}{48}, \frac{9}{36}, \frac{15}{45}, \frac{120}{360}, \frac{75}{135}, \frac{72}{360}, \frac{45}{288}, \frac{85}{136}, \frac{483}{1288}, \frac{134}{335}, \frac{138}{243}.$

145° Réduire au même dénominateur les fractions suivantes :

1° $\frac{2}{3}$ et $\frac{5}{7}$.

2° $\frac{5}{8}$ et $\frac{1}{4}$.

3° $\frac{5}{12}$ et $\frac{7}{16}$.

4° $\frac{2}{3}, \frac{3}{4}$ et $\frac{4}{5}$.

5° $\frac{4}{27}, \frac{2}{9}$ et $\frac{1}{3}$.

6° $\frac{5}{28}, \frac{5}{42}, \frac{2}{7}$.

7° $\frac{4}{7}, \frac{5}{8}, \frac{3}{11}, \frac{2}{5}$.

8° $\frac{3}{4}, \frac{5}{6}, \frac{8}{15}, \frac{7}{25}$ et $\frac{11}{20}$.

146° Additionner ensemble :

1° $\frac{3}{8} + \frac{5}{8} + \frac{7}{8}$.

2° $\frac{5}{6} + \frac{7}{8} + \frac{3}{4}$.

3° $\frac{2}{9} + \frac{7}{18} + \frac{3}{15} + \frac{9}{16}$.

4° $2\frac{3}{5} + 5\frac{6}{7}$.

5° $3\frac{4}{9} + 2\frac{5}{6} + 4\frac{7}{18}$.

147° Soustraire :

$\frac{1}{4}$ de $\frac{3}{4}$, $\frac{5}{27}$ de $\frac{8}{27}$, $\frac{2}{5}$ de $\frac{4}{7}$, $\frac{4}{9}$ de $\frac{5}{6}$, $3\frac{2}{5}$ de $8\frac{3}{5}$, $5\frac{3}{7}$ de $8\frac{1}{7}$, $5\frac{6}{11}$ de $12\frac{3}{5}$, $8\frac{3}{10}$ de $12\frac{4}{25}$.

148° Multiplier :

$\frac{3}{4}$ par 7, $\frac{2}{3}$ par 6, $\frac{4}{9}$ par 3, 8 par $\frac{5}{7}$, 12 par $\frac{3}{4}$, 16 par $\frac{5}{12}$, $\frac{5}{6}$ par $\frac{8}{11}$, $\frac{6}{7}$ par $\frac{14}{17}$, $\frac{8}{9}$ par $\frac{3}{4}$, $2\frac{5}{6}$ par 7, $4\frac{3}{7}$ par 14, $5\frac{6}{7}$ par $3\frac{2}{9}$, $5\frac{4}{5}$ par $\frac{3}{4}$.

149° Diviser :

$\frac{5}{6}$ par 4, $\frac{8}{9}$ par 12, $\frac{12}{19}$ par 18, 5 par $\frac{3}{4}$, 8 par $\frac{2}{5}$, 12 par $\frac{9}{10}$, $\frac{3}{4}$ par $\frac{7}{11}$, $\frac{2}{3}$ par $\frac{8}{9}$, $\frac{12}{25}$ par $\frac{4}{5}$, $2\frac{3}{4}$ par $3\frac{5}{6}$, $8\frac{3}{10}$ par $2\frac{4}{5}$.

150° Chercher :

1° Les $\frac{2}{3}$ de $\frac{5}{6}$ de $\frac{7}{10}$ de $\frac{9}{16}$ de $\frac{8}{35}$.

2° Les $\frac{3}{4}$ de $\frac{8}{9}$ de $\frac{7}{16}$.

PROBLÈMES SUR LES FRACTIONS.

151° On a fait un jour les $\frac{2}{5}$ d'un ouvrage, le lendemain on en a fait les $\frac{3}{7}$, combien en a-t-on fait en tout ?

152° On a fait les $\frac{3}{10}$ d'un certain ouvrage, combien en reste-t-il encore à faire ?

153° On a fait un jour les $\frac{3}{7}$ d'un ouvrage, le lendemain on en a fait les $\frac{4}{9}$, combien en reste-t-il à faire ?

154° Le quart d'un nombre est 8, quel est ce nombre ?

155° Les $\frac{3}{4}$ d'un nombre font 9, quel est ce nombre ?

156° La moitié et le tiers d'un nombre font 15, quel est ce nombre ?

157° Des ouvriers travaillent à un ouvrage de 16 mètres ; ils en ont fait $3^m \frac{2}{3}$ le premier jour, $2^m \frac{4}{5}$ le second, 4^m le troisième jour, $3^m \frac{7}{10}$ le quatrième jour ; combien devront-ils faire de mètres le cinquième jour pour terminer ?

158° Un ouvrier pourrait faire un ouvrage en 15 heures ; combien peut-il en faire en une heure ?

159° Un ouvrier pourrait faire un ouvrage en 15 heures, un autre pourrait le faire en 12 heures ; combien peuvent-ils en faire en travaillant ensemble pendant une heure ?

160° Un ouvrier fait en une heure les $\frac{3}{17}$ d'un ouvrage ; combien lui faudra-t-il de temps pour faire le tout ?

161° Un ouvrier pourrait faire un ouvrage en 15 heures, un autre pourrait le faire en 12 heures ; combien leur faudrait-il de temps pour le faire à eux deux s'ils travaillaient ensemble ?

162° Trois fontaines coulent ensemble pour remplir un bassin. — La première coulant seule, le remplirait en 15 heures, la seconde en 18 et la troisième en 24. — On demande combien elles mettront de temps pour remplir le bassin.

163° Un père laisse en mourant, sa fortune à partager entre ses trois enfants, le premier doit en avoir le tiers, le second, les $\frac{4}{9}$; quelle fraction de la fortune aura le troisième ?

164° Un père laisse en mourant, sa fortune à partager entre ses trois enfants ; le premier doit en avoir le tiers, le second, les $\frac{4}{9}$ et le troisième a le reste qui est de 36000 fr. ; on demande la fortune du père et les parts des deux premiers enfants ?

165° On fait en une heure $2^m \frac{3}{5}$ d'un ouvrage qui contient en tout $17^m \frac{5}{7}$; combien faudra-t-il de temps pour le terminer ?

166° Une fontaine donne 6 hectolitres en cinq minutes, une autre en donne 15 en dix minutes ; combien à elles deux fournissent-elles d'hectolitres dans une heure ?

167° Deux courriers vont à la rencontre l'un de l'autre et font le premier, 15 lieues en quatre heures et le second, 21 lieues en cinq heures ; on demande 1° de combien ils se rapprochent dans une heure ; 2° dans combien de temps ils se rencontreront en supposant qu'ils soient distants de 52 lieues ; 3° à quelles distances des deux points de départ ?

168° Une personne qui doit une somme de 2000 fr. en paie une première fois les $\frac{2}{5}$, une seconde fois les $\frac{3}{10}$, une troisième fois elle paie 200 fr. ; combien doit-elle encore ?

169° Un voyageur a 48 lieues à faire, chaque jour il fait les $\frac{2}{27}$ de sa route ; combien lui restera-t-il de lieues à faire lorsqu'il aura marché dix jours ?

170° Un lingot pesant 360 grammes contient du cuivre, du plomb et de l'étain ; le cuivre y entre pour les $\frac{83}{100}$, l'étain pour les $\frac{2}{15}$. — Quel est le poids du plomb contenu dans le lingot ?

171° En $\frac{3}{4}$ de jours un ouvrier fait les $\frac{5}{16}$ de son ouvrage ; combien lui faudra-t-il de temps pour le terminer ?

172° Un chien poursuit un renard qui a 25 bonds d'avance ; il fait 5 bonds pendant que le renard en fait 3, mais 4 bonds du renard en valent 5 $\frac{3}{4}$ du chien ; on demande combien le chien devra faire de bonds pour rattraper le renard ?

SEIZIÈME LEÇON.

APPLICATIONS DE L'ARITHMÉTIQUE A QUELQUES QUESTIONS PARTICULIÈRES.

Ce que nous avons dit jusqu'ici suffit pour résoudre un problème quelconque d'arithmétique; le raisonnement peut dans tous les cas indiquer la série des opérations à faire pour arriver au résultat; ce raisonnement est indiqué par l'intelligence ou à son défaut par une grande habitude et par l'analogie avec d'autres questions déjà traitées; les règles qu'on appelle règles de trois, d'intérêt, de société, d'alliage, rentrent dans la loi commune; toutefois comme les problèmes qui y donnent lieu forment des séries bien distinctes, et que tous ceux qui rentrent dans une même série se traitent de la même manière, nous allons traiter des exemples particuliers pour chacune d'elles.

RÈGLES DE TROIS.

La règle de trois est ainsi nommée parce qu'elle a pour objet de trouver un nombre inconnu au moyen de *trois* nombres donnés — Elle est *simple* quand on n'a réellement à opérer que sur trois nombres, et *composée* quand on est conduit à plusieurs règles de trois simples au moyen de quantités qui, obtenues successivement, se joignent à deux nombres donnés dans l'énoncé pour former les trois éléments connus.

RÈGLE DE TROIS SIMPLE.

PREMIER EXEMPLE. Trois ouvriers ont fait 46 mètres

d'ouvrage ; combien 7 ouvriers en feront-ils dans les mêmes circonstances?

SOLUTION. Si 3 ouvriers ont fait 46 mètres d'ouvrage; un seul ouvrier fera trois fois moins ou $\frac{46}{3}$, si un seul ouvrier fait $\frac{46}{3}$, 7 ouvriers feront sept fois plus ou $\frac{46 \times 7}{3} = \frac{322}{3} = 107\frac{1}{3}$.

DEUXIÈME EXEMPLE. 25 mètres de drap ont coûté 540 fr., combien coûteront 49 mètres de ce même drap?

SOLUTION. Si 25 mètres coûtent 540 fr., un mètre coûtera 25 fois moins ou $\frac{540}{25}$; si un mètre coûte $\frac{540}{25}$, 49 mètres coûteront 49 fois plus ou $\frac{540 \times 49}{25} = \frac{26460}{25} = 1058^{f}, 40$.

On voit donc qu'on rend la solution très-simple en cherchant d'abord une inconnue auxiliaire correspondant à une unité qu'indique toujours la question, et l'on n'a à résoudre que deux problèmes de la plus grande simplicité, l'un sur la multiplication, l'autre sur la division.

RÈGLE DE TROIS COMPOSÉE.

PREMIER EXEMPLE. Cinq ouvriers ont fait 12 mètres d'ouvrage en 15 jours, combien 8 ouvriers feront-ils de mètres du même ouvrage en 25 jours?

SOLUTION. Supposons que le nombre 15 de jours reste le même dans les deux cas, les circonstances étant les mêmes pour les 8 ouvriers que pour les 5 premiers, on est ramené à cette règle de trois simple : 5 ouvriers ont fait 12 mètres d'ouvrage, *combien de mètres* feront 8 ouvriers ? On trouvera $\frac{12 \times 8}{5}$. — Tel serait donc le nombre de mètres fait par les 8 ouvriers en 15 jours; mais on demande le nombre de mètres qu'ils feraient en 25 jours. — On est donc ramené à cette seconde règle de trois simple : des ouvriers ont fait $\frac{12 \times 8}{5}$ mètres d'ouvrage en 15 jours, *combien de mètres* feront-ils en 25 jours? En un jour ils feraient quinze fois moins ou $\frac{12 \times 8}{5 \times 15}$; s'ils font $\frac{12 \times 8}{5 \times 15}$ en un jour, en 25 jours ils feront vingt-cinq fois plus ou $\frac{12 \times 8 \times 25}{5 \times 15} = \frac{12 \times 8 \times 5}{15} = \frac{12 \times 8}{3} = 4 \times 8 = 32$.

DEUXIÈME EXEMPLE. Douze ouvriers travaillant dix heures par jour, ont fait en 18 jours un fossé de 245^m de longueur, 3^m de largeur et 2^m de profondeur; on demande combien 21 ouvriers travaillant neuf heures par jour, emploieront de jours pour faire un fossé de 195^m de longueur, 4^m de largeur et de 3 de profondeur.

SOLUTION. Supposons que toutes les conditions relatives aux premiers ouvriers restent les mêmes pour les autres et qu'on demande simplement : 12 ouvriers ont employé 18 jours pour faire un certain ouvrage, *combien de jours* 21 ouvriers emploieront-ils pour faire le même ouvrage? — Nous dirons d'abord *combien de jours* emploierait un seul ouvrier au lieu de 12, il emploierait douze fois plus de jours ou 15×12 ; si un ouvrier emploie 15×12 jours, *combien de jours* emploieraient 21 ouvriers, ils emploieraient vingt-et-une fois moins de jours ou $\frac{15 \times 12}{21}$. — Ainsi $\frac{15 \times 12}{21}$ représente le nombre de jours qu'il faudrait à 21 ouvriers travaillant 10 heures par jour pour faire le même ouvrage que les premiers; mais on demande qu'ils travaillent 9 heures au lieu de 10 par jour. — Si au lieu de travailler 10 heures, ils ne travaillaient qu'une heure par jour, *combien de jours* leur faudrait-il pour faire le même ouvrage; réponse : 10 fois plus de jours ou $\frac{15 \times 12 \times 10}{21}$; mais si au lieu de travailler une heure par jour, ils travaillaient 9 heures, *combien de jours* leur faudrait-il? Réponse: il leur faudrait neuf fois moins de jours ou $\frac{15 \times 12 \times 10}{21 \times 9}$. — Tel est le nombre de jours qu'il faudrait aux 21 ouvriers travaillant 9 heures par jour pour faire le même ouvrage que les premiers. — Mais ils doivent faire un fossé non pas de 245^{m} de longueur, mais de 195, non pas de 3^{m} de largeur, mais de 4^{m}, etc., en supposant que la largeur et la profondeur restent encore les mêmes que dans le premier cas, nous dirons s'il a fallu $\frac{15 \times 12 \times 10}{21 \times 9}$ jours pour faire un fossé de 245^{m} de longueur, *combien de jours* faudrait-il pour faire un fossé de 1^{m} de longueur? Réponse: il faudrait 245 fois moins de jours ou $\frac{15 \times 12 \times 10}{21 \times 9 \times 245}$; si tel est le nombre de jours qu'il faudrait pour faire 1^{m} de longueur, *combien de jours* faudrait-il pour faire 195^{m}? Réponse : il en faudrait 195 fois plus ou $\frac{15 \times 12 \times 10 \times 195}{21 \times 9 \times 245}$. — En raisonnant de la même manière, en passant par 1 mètre de largeur au lieu de 3, puis à 4 au lieu de 1, puis à 1^{m} de profondeur au lieu de 2 et enfin à 3 au lieu de 1, on arrive successivement aux expressions :

$$\frac{15 \times 12 \times 10 \times 195}{21 \times 9 \times 245 \times 3}$$

Puis $$\frac{15 \times 12 \times 10 \times 195 \times 4}{21 \times 9 \times 245 \times 3}$$

Puis $$\frac{15 \times 12 \times 10 \times 195 \times 4}{21 \times 9 \times 245 \times 3 \times 2}$$

Et enfin $$\frac{15 \times 12 \times 10 \times 195 \times 4 \times 3}{21 \times 9 \times 245 \times 3 \times 2}$$

En simplifiant cette dernière expression par la suppression des facteurs communs aux deux termes, on arrive à

$$\frac{4 \times 10 \times 65 \times 2}{7 \times 49} = \frac{5200}{343} = 15 \text{ j. } \frac{55}{343}.$$

Il est difficile de poser une règle générale pour tous ces problèmes, néanmoins voici une marche à suivre qui convient à tous les cas :

Écrire d'abord le nombre donné qui correspond à l'inconnue, le souligner, puis considérer successivement chacune des conditions de la partie de l'énoncé qui contient ce nombre donné, et chaque fois revenir à l'unité correspondante, passer au nombre correspondant de la seconde partie de l'énoncé, en se posant cette question : Combien de..... avec le nom des unités inconnues : combien d'ouvriers, si ce sont des ouvriers; combien de jours, si ce sont des jours, etc., et si la réponse à une question est tant de fois plus, on écrit le nombre correspondant au numérateur, si c'est tant de fois moins, on l'écrit au dénominateur.

On peut au lieu de suivre cette marche, rapporter toutes les conditions à l'unité et passer ensuite aux autres conditions données; les deux marches sont également simples et conduisent avec la même rapidité au même résultat.

PROBLÈMES SUR LES RÈGLES DE TROIS.

173° Trente-deux mètres de drap ont coûté 476 fr. ; quel est le prix de 24 mètres ?

174° Pour 328 fr. on a eu 28 mètres de drap; combien en aura-t-on pour 640 fr. ?

175° Une personne gagne 5 fr. sur une douzaine d'objets; combien gagnera-t-elle sur 100?

176° Quarante-deux ouvriers ont employé 48 heures pour faire un certain ouvrage; combien 64 ouvriers emploieraient-ils d'heures?

177° Quarante-deux ouvriers ont employé 48 heures pour faire un certain ouvrage ; combien faudrait-il d'ouvriers pour le faire en 30 heures ?

178° On a employé 15 heures pour faire 72 mètres d'un certain ouvrage ; combien faudrait-il d'heures pour en faire 48 mètres?

179° On a employé 15 heures pour faire 72 mètres d'ouvrage ; combien ferait-on de mètres en 10 heures ?

180° Sur 100 objets, une personne gagne 14 fr.; combien gagnera-t-elle sur 45 objets ?

181° Une personne dispose de son argent de manière que chaque année 100 fr. lui donnent un bénéfice de 6 fr.; quel bénéfice lui donnera une somme de 4250 fr. ?

182° Une personne a placé une somme de 6840 fr. qui dans un an lui a rapporté un bénéfice de 410 fr. 40 c.; on demande ce que lui rapportent 100 fr. de la même somme?

183° On promet une gratification à un ouvrier s'il achève 156m d'ouvrage en 18 jours. Au bout de 4 jours il a fait 33m ; on demande si, en continuant ainsi, il gagnera sa gratification?

184° Il faut 12 rouleaux de tapisserie à 0m 48c de largeur pour tapisser une chambre ; combien devrait-on prendre de rouleaux, si la largeur des rouleaux était de 0,42c au lieu de 0,48c ?

185° On expédie une caisse pesant 75 kg. On doit payer le transport à raison de 22 fr. les 100 kg., plus 0,75c pour la lettre de voiture. — Quelle somme devra-t-on donner ?

186° Quinze sapeurs ont employé 6 jours pour faire 150 mètres d'ouvrage ; combien 18 sapeurs feront-ils en 9 jours ?

187° Quinze sapeurs ont employé 7 jours pour faire 150 mètres d'ouvrage; combien 18 sapeurs emploieront-ils de jours pour faire 270 mètres?

188° Quinze sapeurs ont employé 6 jours pour faire 150 mètres d'ouvrage; combien faudra-t-il de sapeurs pour faire en 9 jours, 270 mètres du même ouvrage?

189° On a employé 35 sapeurs travaillant 8 heures par jour pour faire en 42 jours une tranchée de 345m de longueur, 4m de largeur et 2m de profondeur. On demande le nombre de jours que 72 sapeurs travaillant 8 heures par jour devront employer pour creuser une tranchée de 620m de longueur, 4m, 50 de largeur et 2m, 40 de profondeur?

190° Il faut 115 kg. de foin pour la nourriture de 3 chevaux pendant 4 jours, combien en faudra-t-il pour nourrir 8 chevaux pendant 15 jours ?

DIX-SEPTIÈME LEÇON.

RÈGLES D'INTÉRÊT.

L'*Intérêt* d'une somme pendant un certain temps est ce que rapporte cette somme pendant ce temps d'après certaines conditions fixées à l'avance ; ces conditions sont réglées d'après l'intérêt particulier d'une somme de 100 fr. pendant un an, intérêt qu'on appelle le *taux*. — La somme placée s'appelle le *capital*. Si une somme est placée d'après la condition que 100 fr. rapportent 6 fr. par exemple, pendant un an, on dit qu'elle est placée à 6 pour cent, ce qu'on est convenu d'écrire : 6 °/₀.

Dans une règle d'intérêt, il y a à considérer quatre éléments : 1° le capital ; 2° son intérêt ; 3° le temps pendant lequel il est placé ; 4° le taux. — Selon qu'on prendra l'un ou l'autre de ces quatre éléments pour inconnue, on aura quatre problèmes différents à résoudre, mais qui tous quatre ne sont en réalité que des règles de trois ordinaires.

PREMIER CAS. L'inconnue est l'intérêt.

Que rapportera une somme de 5240 fr. placée à 5 °/₀ pendant 8 ans ?

SOLUTION. Si 100 fr. rapportent 5 fr. dans un an, un franc rapportera cent fois moins ou $\frac{5}{100}$, et 5240 rapporteront 5240 fois plus que 1 fr. ou $\frac{5 \times 5240}{100}$. Si telle est la somme rapportée dans 1 an, dans 8 ans le même capital rapportera huit fois plus ou $\frac{5 \times 5240 \times 8}{100} = 524 \times 4 = 2096$.

On peut remarquer que dans le cas particulier où le taux est 5 °/₀, pour savoir ce que rapporte une somme quelconque dans un an, il suffit de la multiplier par $\frac{5}{100} = \frac{1}{20}$, c'est-à-dire d'en prendre le $\frac{1}{20}$, ou ce qui revient au même, de la diviser d'abord par 10, puis de prendre la moitié du résultat.

DEUXIÈME CAS. L'inconnue est le capital.

Quelle est la somme qui, placée à 5 °/₀ pendant 8 ans, a rapporté 2096 fr. d'intérêt?

SOLUTION. Si la somme a rapporté 2096 fr. d'intérêt en 8 ans, en un an elle a rapporté huit fois moins ou $\frac{2096}{8}$, et l'on est alors ramené à cette règle de trois simple : 5 fr. sont rapportés par 100 fr., par quelle somme est rapporté $\frac{2096}{8}$. — 1 fr. est rapporté par $\frac{100}{5}$ et par suite $\frac{2096}{8}$ fr. par $\frac{100}{5} \times \frac{2096}{8} = 5240$.

On peut remarquer que dans le cas particulier où le taux est de 5 °/₀, si l'on connaît l'intérêt d'une somme pendant un an, pour savoir quelle est cette somme, il suffit de multiplier l'intérêt par $\frac{100}{5}$ ou 20.

TROISIÈME CAS. L'inconnue est le temps.

Une somme de 5240 fr. est placée à 5 °/₀. Dans combien de temps aura-t-elle rapporté 2096 fr. d'intérêt?

SOLUTION. Si l'on connaissait l'intérêt de la somme dans un an, autant de fois cet intérêt serait contenu dans 2096, autant il faudrait d'années. — Or, nous avons vu que cet intérêt est égal à $\frac{5240 \times 5}{100}$ et par suite le nombre d'années cherché est représenté par :

$$2096 : \frac{5240 \times 5}{100} = \frac{2096 \times 100}{5240 \times 5} = 8.$$

QUATRIÈME CAS. L'inconnue est le taux.

A quel taux doit être placée la somme de 5240 fr. pour rapporter 2096 fr. en 8 ans?

SOLUTION. Si 5240 fr. rapportent 2096 fr. en 8 ans, en un an cette somme rapportera huit fois moins ou $\frac{2096}{8}$, et un seul franc rapportera 5240 fois moins que 5240 fr. ou $\frac{2096}{8 \times 5240}$. — Si tel est l'intérêt de 1 fr. dans un an, l'intérêt de 100 fr. ou le taux sera cent fois plus grand ou $\frac{2096 \times 100}{8 \times 5240} = 5$.

On peut remarquer l'analogie qui existe entre ce dernier cas et le premier.

La manière de raisonner serait tout-à-fait la même, si le temps, au lieu d'être un nombre entier d'années, était représenté par des années, des mois et des jours, seulement il faudrait avoir soin que partout le temps fût exprimé par rapport à la même unité.

Nous allons en donner un exemple :

Une somme de 4896 fr. est placée à 5 %, quel intérêt rapportera-t-elle en 3 ans 4 mois et 22 jours? Dans le commerce on considère tous les mois comme étant de 30 jours et l'année de 360. — Nous convertirons d'abord 3 ans, 4 mois, 22 jours en jours, ce qui donne 1222 jours et nous dirons : Si 100 fr. rapportent 5 fr. en 360 jours, 1 fr. dans le même temps rapportera $\frac{5}{100}$ et dans un seul jour $\frac{5}{100 \times 360}$. — Si 1 fr. rapporte cette somme dans un jour, 4896 fr. rapporteront dans le même temps $\frac{5 \times 4896}{100 \times 360}$ et dans 1222 jours $\frac{5 \times 4896 \times 1222}{100 \times 360} = 832$ fr. 32.

Quelquefois on prend pour une des données le capital réuni à son intérêt, si en même temps on donne le capital ou l'intérêt, par une simple soustraction on retombe sur l'un des cas précédents; mais si l'on ne donne ni le capital, ni l'intérêt, on sera conduit à une question nouvelle et qui est celle-ci : Une somme inconnue est devenue au bout de 8 ans, par exemple, 7336 fr., intérêt et capital réunis. Le taux était de 6 %, quelle est cette somme? question qu'on peut encore présenter sous la forme suivante : Quelle est la valeur actuelle d'une somme ou d'un billet dont le taux est 5 % et qui dans 8 ans vaudrait 7336 fr.? Ce problème constitue ce qu'on appelle la

RÈGLE D'ESCOMPTE.

Pour le résoudre, nous dirons : 100 fr. rapportant 6 fr. dans un an, dans 8 ans rapportent 48 fr.; donc une somme de 148 fr. à 6 % payable dans 8 ans, vaut aujourd'hui 100. Si 148 fr. valent aujourd'hui 100 fr., 1 fr. vaut 148 fois moins ou $\frac{100}{148}$; si 1 fr. vaut aujourd'hui $\frac{100}{148}$, 7336 fr. valent 7336 fois plus ou $\frac{100 \times 7336}{148} = 4956,75$.

Telle est la manière dont on doit opérer pour avoir le résultat juste, mathématique; mais dans la pratique, on opère différemment : pour avoir la valeur actuelle d'un billet, quelle que soit l'époque de son échéance, on cherche l'intérêt de la somme portée sur le billet pendant le temps que sépare le moment actuel du moment de l'échéance et l'on retranche le résultat obtenu de la valeur portée sur le billet.

L'escompte est ce que l'on retranche d'un billet pour avoir sa valeur actuelle; on voit donc qu'il y a deux escomptes; le premier qui est juste et qu'on appelle l'*escompte en dedans*, et le second qui sans être juste est *légal* et qu'on appelle l'*escompte en dehors*.

Il est facile de voir la différence qui existe entre les deux espèces d'escompte. — Dans l'escompte en dehors on retient l'intérêt de la somme entière portée sur le billet, tandis que dans l'escompte en dedans on ne retient que l'intérêt d'une somme plus faible, somme qui placée actuellement au taux du billet, aurait au bout du temps que comporte le billet la même valeur que le billet.

On conçoit que si la somme est un peu forte et l'époque de l'échéance un peu reculée, cette différence peut être très-grande.

PROBLÈMES SUR LES RÈGLES D'INTÉRÊT.

191° Que rapporte en 6 ans une somme de 2800 fr. placée à 5 %?

192° Pendant combien de temps faut-il placer une somme de 12000 fr. à 5 % pour qu'elle rapporte 3000 fr. d'intérêt?

193° A quel taux faut-il placer une somme de 8500 fr. pour qu'en 5 ans elle rapporte 2550 fr. d'intérêt?

194° Quelle est la somme qui placée à 5 % pendant 6 ans, a rapporté 2550 fr. d'intérêt?

195° Que rapporte en 6 ans 5 mois 8 jours une somme de 32548 fr. placée à 6 %?

196° Pendant combien de temps faut-il placer une somme de 3885 fr. à 5 ½ % pour qu'elle rapporte 1500 fr. d'intérêt?

197° A quel taux faut-il placer une somme de 6800 fr. pour qu'en 4 ans 5 mois et 6 jours, elle rapporte 1465 fr.?

198° Quelle est la somme qui, placée pendant 5 ans 6 mois et 8 jours à 6,25 %, a rapporté 2520 fr. d'intérêt?

199° Que devient capital et intérêt une somme de 6480 fr. placée à 5 % pendant 15 ans et 6 mois?

200° Pendant combien de temps faut-il placer à 5 % une somme de 6,800 fr. pour qu'elle devienne 8345 fr. capital et intérêt?

201° Quelle est la somme qui, placée à 5 % est devenue au bout de 6 ans, 3845 fr., intérêt et capital?

202° Quelle est la valeur actuelle d'un billet de 1000 fr. payable dans 2 ans, l'intérêt étant de 5 %? Résoudre cette question d'après l'escompte en dedans et l'escompte en dehors.

203° Une personne se présente chez un banquier avec un billet de 500 fr. payable dans 6 mois et 8 jours. On demande ce qu'elle touchera, l'escompte étant calculé à 5 %. — Que toucherait-elle si on la payait d'après l'escompte en dedans?

204° Que devra retenir un banquier sur un billet de 1500 fr. payable dans 22 ans, l'escompte étant calculé en dehors et à 5 %?

QUESTIONS SUR LES RENTES.

205° On veut acheter des rentes dites 4 ½ % ; si 4f, 50 de rente se paient 92f, 20, combien se paieront 245f de rente ?

206° Combien de rentes 4 ½ % aura-t-on pour 2540 fr. en supposant le cours de la rente à 91f, 60 ?

207° Si le cours de la rente 3 % est 66 fr., quel devra être le cours de la rente 4 ½ % pour qu'une même somme rapporte le même intérêt des deux côtés ?

208° On a payé 5125 fr. pour avoir 275 fr. de rente 4 ½ % ; quel était donc le cours de la rente ?

209° Le cours de la rente 4 ½ % est 95f, 40. On veut convertir cette rente en 3 %. — Quel sera alors le cours de cette dernière ?

210° A quel taux place-t-on son argent quand on achette de la rente 3 % au cours de 69f, 23 ?

211° Est-il préférable de placer son argent à 5 % plutôt que d'acheter de la rente 3 % au cours de 61f, 72 ?

212° Si le cours de la rente 4 ½ % s'élève de 91f, 70 à 93f, 50, combien gagnera une personne qui a 5800 fr. de cette rente ?

213° Si le cours de la rente 5 % s'élève de 92f, 45 à 93f, 20, quelle doit être la hausse correspondante du 3 % qui était d'abord de 65f, 30 ?

214° Si le cours de la rente 4 ½ % baisse de 2f, 25. Quelle doit être la baisse correspondante du 3 % et du 4 % ?

DIX-HUITIÈME LEÇON.

RÈGLES DE SOCIÉTÉ.

La règle de société a pour objet de partager une somme donnée entre plusieurs personnes, en ayant égard à leurs mises et aux circonstances dans lesquelles ces mises ont été placées. — Ainsi, si à temps égaux, une personne place le double de ce que place une autre, elle aura une part double dans le bénéfice, et si à mises égales, une personne laisse ses fonds trois fois plus de temps qu'une autre, son bénéfice sera également trois fois plus grand que celui de l'autre. Ce partage que l'on effectue en ayant égard aux différentes conditions s'appelle partage en parties proportionnelles. Ainsi, si les mises sont 3000 fr., 2000 fr., 5000 fr., il s'agira de partager le bénéfice proportionnellement aux nombres 3000, 2000 et 5000.

Les nombres proportionnellement auxquels le bénéfice doit être partagé sont quelquefois donnés dans la question, d'autres fois on est obligé de les calculer en ayant égard à certaines conditions. Nous allons successivement considérer ces deux cas en traitant un exemple particulier pour l'un et pour l'autre.

PREMIER CAS.

Trois personnes ont formé une société : la première y a placé 80000 fr., la seconde 60000 et la troisième 100000 ; le bénéfice a été de 30000 fr. ; on demande comment les trois personnes devront se partager ce bénéfice?

SOLUTION. Le bénéfice provient de la somme des trois mises 80000 + 60000 + 100000 = 240000 fr. On dira donc : si 240000 ont rapporté 30000 fr., que rapportent 60000 fr. D'après la règle de trois simple on a :

$$\frac{30000 \times 80000}{240000} = 10000$$

En raisonnant de même pour les deux autres mises, on obtient pour le bénéfice de la seconde personne :

$$\frac{30000 \times 60000}{240000} = 7500$$

Et pour le bénéfice de la troisième :

$$\frac{30000 \times 100000}{240000} = 12500$$

En général on voit donc que, si les mises sont restées le même temps dans la société, pour avoir le bénéfice relatif à l'une d'elles, il suffit de la multiplier par le bénéfice total et diviser le produit par la somme des mises.

DEUXIÈME CAS.

Une société composée de trois personnes a duré 10 ans. La première a placé 100000 fr., la deuxième 60000 et la troisième 50000. — 5 ans plus tard la première a retiré 40000 fr. et elle a ajouté 20000 fr. deux ans après. — La deuxième a ajouté 30000 fr. au bout de la quatrième année; la troisième a ajouté 40000 fr. au bout de la troisième année et a retiré 20000 fr. au bout de la neuvième. Le bénéfice de la société a été de 270000 fr.; on demande comment ce bénéfice devra être partagé entre les trois sociétaires.

SOLUTION. Remarquons qu'une somme placée pendant un certain temps rapporte trois fois plus que si elle était placée pendant un temps trois fois moins long. Ainsi 100 fr. placés pendant trois ans rapporteront le même bénéfice que trois sommes de 100 fr. placées pendant un an. Cela posé, nous allons chercher à quelles sommes placées pendant un an, équivalent les mises de chaque sociétaire.

Pour le premier il y a d'abord 100000 fr. qui restent pendant cinq ans, ce qui équivaut à 500000 fr. pendant un an. — Il retire ensuite 40000 fr., il n'a donc plus de placé que 60000 fr. qui restent deux ans, ce qui équivaut à 120000 fr. dans un an; enfin au bout de la septième année il ajoute à sa mise 20000 fr., ce qui la porte à 80000 fr. et cette mise reste encore trois ans, ce qui équivaut à 240000 fr. pendant un an ; ainsi la mise du premier se compose de 500000fr + 120000fr + 240000fr ou 860000 fr placés pendant un an.

Pour le second il y a d'abord 60000 fr. qui restent placés pendant quatre ans, ce qui équivaut à 240000 fr. pendant un an ; il ajoute alors 30000 fr., ce qui porte sa mise à 90000 fr. et ces 90000 fr. restent placés jusqu'à la fin de la société, c'est-à-dire pendant 6 ans ; ils équivalent donc à 540000 fr. pendant un an. Ainsi la mise du second se compose de 240000fr + 540000fr ou 780000fr placés pendant un an.

Pour le troisième, il y a d'abord 50000 fr. qui restent placés pendant trois ans, ce qui équivaut à 150000 fr. pendant un an ; il ajoute alors 40000 fr., ce qui porte son capital à 90000 fr. et cette somme reste placée pendant six ans, ce qui équivaut à 540000 fr. pendant un an, enfin il retire 20000 fr. et sa mise se réduit à 70000 fr. pour la dernière année ; ainsi la mise du troisième se compose de 150000fr + 540000fr + 70000fr ou 760000fr placés pendant un an.

Les temps étant égaux, on est alors ramené à cette règle de société simple :

Trois sociétaires ont placé : le premier, 860000 fr., le deuxième 780000 fr. et le troisième 760000 fr. dans les mêmes circonstances ; le bénéfice a été de 270000 fr. ; combien revient-il à chacun ? En raisonnant comme dans le premier cas, on trouve :

Pour le premier :

$$\frac{270000 \times 860000}{240000} = 96750$$

Pour le second :

$$\frac{270000 \times 780000}{2400000} = 87750$$

Pour le troisième :

$$\frac{270000 \times 760000}{2400000} = 85500$$

Si au lieu d'avoir à traiter une question de société, on avait à résoudre un problème du genre suivant :

Partager un nombre donné en parties proportionnelles à d'autres nombres donnés, on opérerait tout-à-fait de la même manière et d'après les mêmes raisonnements ; seulement dans le cas particulier où les nombres donnés seront fractionnaires, il conviendra de les réduire au même dénominateur et d'opérer comme si l'on ne donnait que les numérateurs. Ainsi, si l'on avait à partager un nombre en parties proportionnelles aux fractions $\frac{1}{2}$, $\frac{1}{3}$ et $\frac{1}{5}$, on réduirait d'abord ces fractions au même dénominateur $\frac{15}{30}$, $\frac{10}{30}$, $\frac{6}{30}$ et comme les nombres 15, 10, 6 sont respectivement trente fois plus grands que $\frac{15}{30}$, $\frac{10}{30}$ et $\frac{6}{30}$, il suffira de partager le nombre donné proportionnellement aux nombres 15, 10 et 6.

PROBLÈMES D'APPLICATION.

215° Partager une somme de 36000 fr. entre trois personnes, proportionnellement à leurs mises qui sont de 60000 fr., de 75000 et de 90000 fr.

216° Deux personnes forment une société et y placent : la première, 120000 fr. et la deuxième, 140000. — Trois ans plus tard, une troisième personne entre dans la société et fait un versement de 180000 fr. — Au bout de dix ans la société se sépare avec un bénéfice de 240000 fr. — Que revient-il à chaque personne?

217° Trois personnes placent en formant une société : la première, 16000 fr., la seconde, 12000, et la troisième, 24000. — Chaque année la première personne ajoute à sa mise 1000 fr., la seconde ajoute à la sienne 1500 et la troisième retire 2000 fr. — Au bout de six ans la société est dissoute après avoir réalisé un bénéfice de 12000 fr. — Comment ce bénéfice devra-t-il être partagé entre les trois sociétaires?

218° Partager le nombre 7668 en parties proportionnelles aux nombres 2, 3 et 4.

219° Partager 5670 en parties proportionnelles aux nombres $\frac{2}{3}$, $\frac{3}{5}$, $\frac{5}{8}$ et $\frac{4}{15}$.

220° Deux personnes peuvent disposer : l'une, d'une somme de 54000 fr., l'autre, de 60000 fr. — Elles emploient leurs fonds à une entreprise commune qui leur rapporte au bout de cinq ans un bénéfice de 48000 fr. — A quel taux auraient-elles dû placer leur argent pour en retirer le même intérêt?

221° Trois ouvriers travaillent ensemble à un ouvrage de 360 mètres; le second a une vitesse de travail qui est les $\frac{2}{3}$ de celle du premier et la vitesse du troisième est les $\frac{5}{6}$ de celle du second. — Quel sera le nombre de mètres fait par chaque ouvrier lorsque tout l'ouvrage sera terminé?

DIX-NEUVIÈME LEÇON.

RÈGLES D'ALLIAGE.

On appelle titre d'un alliage par rapport à un métal, le rapport du poids de ce métal qui entre dans l'alliage au poids total de l'alliage. Le titre se prend généralement par rapport au métal le plus précieux. Ainsi quand on dira qu'un alliage d'argent et de cuivre est au titre de $\frac{9}{10}$, cela signifiera que les $\frac{9}{10}$ de l'alliage sont en argent. On voit donc d'après cela qu'on obtient le poids du métal le plus précieux contenu dans un alliage en multipliant le poids total de l'alliage par son titre.

PREMIER PROBLÈME.

On fond ensemble deux lingots d'argent, l'un au titre de $\frac{7}{12}$ pesant 780gr, et l'autre, au titre de $\frac{5}{6}$, pesant 774gr; on demande le titre de l'alliage résultant.

SOLUTION. Le poids de l'argent pur contenu dans le premier lingot est $\frac{780 \times 7}{12} = 445^{gr}$, le poids de l'argent pur contenu dans le second est $\frac{774 \times 5}{6} = 645^{g}$, le poids de l'argent pur contenu dans l'alliage sera donc : $455^{g} + 645^{g} = 1100^{g}$; et comme le poids total du lingot est : $780^{g} + 774^{g} = 1554^{g}$; le titre, d'après la définition que nous en avons donné, sera représenté par

$$\frac{1100}{1554} = \frac{\frac{1100}{1554} \times 10}{10} = \frac{7,08}{10}$$

DEUXIÈME PROBLÈME.

On a un lingot d'argent de 880g au titre de $\frac{7}{10}$. On le fond avec un autre lingot pesant 1500gr, ce qui porte le titre de l'alliage à $\frac{8}{10}$; quel était le titre du second lingot?

SOLUTION. L'alliage obtenu pèse $880^{g} + 1500^{g} = 2380^{gr}$; comme son titre est $\frac{8}{10}$, le poids de l'argent pur qu'il renferme est $2380 \times \frac{8}{10} = 1904^{gr}$; d'ailleurs le premier lingot renfermait un poids d'argent pur représenté par $880 \times \frac{7}{10} = 616^{gr}$; par conséquent le poids de l'argent pur renfermé dans le second était $1904^g - 616^g = 1288^{gr}$, et comme il pesait 1500^g, il avait pour titre : $\frac{1288}{1500} = \frac{\frac{1288}{150}}{10} = \frac{8,59}{10}$

TROISIÈME PROBLÈME.

On a un lingot d'argent de 880^{gr} au titre de $\frac{7}{10}$; on demande combien on devra lui ajouter d'argent pur pour que le titre de l'alliage s'élève à $\frac{9}{10}$.

SOLUTION. Dans les 880^{gr}, il entre $\frac{3}{10}$ de cuivre ou 264^{gr}; comme on n'introduit plus que de l'argent pur, il suffit de chercher le poids de l'alliage au titre de $\frac{9}{10}$ contenant 264^{gr} de cuivre, et de chercher l'excès de ce poids sur le poids du lingot donné. Or, dans un alliage au titre de $\frac{9}{10}$, le cuivre entrant pour $\frac{1}{10}$, s'il y a 264^{gr} de cuivre, le poids total de l'alliage est 2640^{gr}; comme on avait d'abord 880^{gr} avant l'addition de l'argent, on a dû ajouter $2640^g - 880^g = 1760^{gr}$ d'argent.

Les questions que nous venons de résoudre suffisent pour indiquer la marche à suivre dans toutes les questions où il s'agira d'alliage; il en est de même pour toutes les questions de mélange.

PROBLÈMES D'APPLICATION.

222° Quel sera le titre d'un alliage qu'on obtiendra en fondant trois lingots d'argent, le premier au titre de $\frac{8,5}{10}$ et pesant 450^{gr}, le second au titre de $\frac{9}{10}$ et pesant 700^{gr}, et le troisième au titre de $\frac{8}{10}$ et pesant 545^{gr} ?

223° On fond ensemble trois lingots, le premier au titre de $\frac{9}{10}$ et pesant 500^{gr}; le deuxième au titre de $\frac{9,5}{10}$ et pesant 800^{gr};

le troisième pesant 945gr; le titre de l'alliage résultant est $\frac{8,5}{10}$; quel était donc le titre du troisième lingot?

224° Le bronze pour le métal à canon contient 100 parties de cuivre sur 11 parties d'étain. On a un bronze d'une autre composition contenant 150 parties de cuivre sur 18 parties d'étain et pesant 372kg; combien devra-t-on ajouter de cuivre à ce bronze pour en faire du métal à canon?

225° On a un alliage d'argent pesant 540gr au titre de $\frac{8}{10}$. — On voudrait porter le titre à $\frac{8,5}{10}$ en ajoutant à l'alliage un certain poids d'un autre alliage d'argent au titre de $\frac{9,2}{10}$; quel devra être ce poids?

226° On mélange 80 litres de vin à 0f,75 avec 120 litres à 1f, 25; quelle sera la valeur d'un litre de ce mélange?

227° Un marchand de vin achette 685 litres de vin à 0,60c; il veut le revendre à 0,70c le litre et gagner sur le tout 140 fr., en ajoutant au vin une quantité d'eau suffisante; quelle doit être cette quantité d'eau?

228° Dans quelle proportion doit-on mélanger deux farines qui valent : la première, 0,80c le kilog., et la seconde, 0,54c, afin d'obtenir un mélange à 0,70c le kilog.?

229° On a fondu 18kg de cuivre avec 3k, 5 d'étain. Le kilog. de cuivre vaut 2f, 50c; le kilog. d'étain vaut 2f, 75; quel est le prix d'un kilog. de cet alliage?

230° Les caractères d'imprimerie s'obtiennent en coulant dans des moules un alliage de 20 parties d'antimoine sur 80 parties de plomb et 5 parties de cuivre. — Que vaut le kilog. de cet alliage, en supposant l'antimoine à 2f, 75c le kilog., le plomb à 0,60c et le cuivre à 2f, 50c?

231° 4gr, 5 d'argent pur valent 1 fr.; l'or a une valeur quinze fois et demie plus grande que l'argent à poids égal; on demande combien il faut ajouter d'argent à 3 grammes d'or et combien il faut ajouter d'or à 5 grammes d'argent pour obtenir deux alliages de même valeur sous le même poids.

FIN DE LA PREMIÈRE PARTIE.

DEUXIÈME PARTIE

RÉDIGÉS

D'APRÈS LE PROGRAMME DU COMITÉ

POUR LE COURS N° 5.

PREMIÈRE LEÇON.

PRÉLIMINAIRES.

Dans la première partie de ce cours, nous avons traité les questions de l'arithmétique usuelle, les seules questions pour ainsi dire auxquelles on peut être conduit quand on n'a pas à traiter des problèmes de géométrie ou à faire usage de notions d'algèbre.

Mais dans la résolution des problèmes de géométrie, on peut être conduit à des questions nouvelles d'arithmétique, comme de trouver un nombre dont on connaît le carré, le cube, etc. De plus, si l'on a d'abord donné quelques notions d'algèbre, on peut appliquer l'arithmétique à la résolution de certains problèmes, comme ceux des intérêts composés, des annuités, etc. — Toutes ces questions seront traitées dans la seconde partie. — Comme pour être en état d'appliquer les questions qui vont être traitées, les élèves doivent être familiarisés avec certaines considérations plus abstraites, nous allons parler d'abord de l'usage des lettres à la place des nombres, et nous ferons connaître quelques principes d'algèbre, trop simples pour être passés sous silence, et dont la connaissance contribuera beaucoup à donner aux élèves de la facilité et de la rapidité dans les calculs ; il en résultera du reste plus de simplicité dans les raisonnements et plus de généralité dans les principes.

EMPLOI DES LETTRES.

Si l'on fait certains raisonnements sur des nombres pris au hasard, comme ces nombres ont des valeurs particulières, on peut se demander si avec d'autres nombres, on pourrait répéter les mêmes raisonnements; cela est vrai si l'on n'a pas eu égard aux valeurs de ces nombres dans tout le cours des raisonnements, il n'en est pas moins vrai pourtant que l'esprit s'attache un peu à ces valeurs et que par suite la généralisation n'est pas parfaite. Cet inconvénient disparaît si, au lieu de raisonner sur des nombres particuliers, on raisonne sur certains caractères pouvant représenter des nombres quelconques; de là, l'usage des lettres; ainsi dans les fractions, si l'on veut exprimer qu'une fraction quelconque ne change pas de valeur quand on multiplie ses deux termes par un nombre quelconque, on représentera la fraction quelconque par $\frac{a}{b}$, par exemple, et le nombre quelconque par c, et l'on écrira $\frac{a}{b}=\frac{a \times c}{b \times c}$; a, b et c représentant tels nombres qu'on voudra et ne représentant pas un nombre plutôt qu'un autre, le résultat exprimé est tout-à-fait général.

Avec les lettres on fait usage des mêmes signes que ceux qu'on a employés en arithmétique; ainsi $a+b$ signifie qu'au nombre représenté par a, on doit ajouter le nombre représenté par b; de même $a : b$ ou $\frac{a}{b}$ signifie que le nombre a doit être divisé par le nombre b; a^2 exprime que le nombre a est élevé au carré, etc. — Seulement le signe de la multiplication $\times$ ou . peut être supprimé; ainsi ab signifie que le nombre a doit être multiplié par le nombre b.

D'après cela si l'on donne une expression telle que

$$\frac{5a^2b + 6ab^2 - 8ab}{3a^3 - 2b^2}$$

et si l'on demande la valeur de cette expression dans le cas ou $a = 3$ et $b = 2$, en mettant à la place de a et b leurs valeurs dans l'expression, on obtient :

$$\frac{5 \times 3^2 \times 2 + 6 \times 3 \times 2^2 - 8 \times 3 \times 2}{3 \times 3^3 - 2 \times 2^2}$$

Et en effectuant les calculs indiqués, on obtient successivement :

$$\frac{5 \times 9 \times 2 + 6 \times 3 \times 4 - 8 \times 3 \times 2}{3 \times 27 - 2 \times 4} =$$

$$\frac{90 + 72 - 48}{81 - 8} = \frac{162 - 48}{73} = \frac{114}{73} = 1 + \frac{41}{73}.$$

Si l'on avait supposé $a = 5$, $b = 4$; on aurait, en opérant de la même manière, trouvé pour la valeur de l'expression : $3 + \frac{111}{348}$.

PRINCIPES FONDAMENTAUX.

Quand deux quantités égales, écrites à la suite l'une de l'autre, sont séparées par le signe =, l'expression s'appelle *égalité;* la première quantité forme le *premier membre* et la seconde, le *second membre* de l'égalité. Ainsi $a + b = \frac{c}{d}$ forme une égalité, $a + b$ en est le premier membre et $\frac{c}{d}$ en est le second.

Il est clair que si deux quantités sont égales, et si sur chacune d'elles on fait la même opération ou la même série d'opérations, les résultats seront encore égaux. — D'après cela soit l'égalité :

$$a + b = c - d$$

Si l'on ajoute d de part et d'autre, on aura :

$$a + b + d = c - d + d$$

ou $$a + b + d = c$$

Et si maintenant on retranche b de part et d'autre, on aura :

$$a + b + d - b = c - b$$

ou $$a + d = c - b$$

On voit donc que dans une égalité, pour faire passer un terme d'un membre dans un autre, il suffit de l'effacer dans celui où il se trouve et de l'écrire dans l'autre avec un signe contraire.

Soit maintenant l'égalité :

$$\frac{a}{b} = c$$

On peut multiplier les deux membres de cette égalité par b et l'on aura :

$$\frac{a \times b}{b} = c \times b$$

ou $$a = c \times b$$

De même si l'on a :

$$a\,b = c$$

En divisant les deux membres par b, on obtient :

$$\frac{ab}{b} = \frac{c}{b}$$

ou $$a = \frac{c}{b}$$

D'après les principes précédents, on peut dans une égalité ne conserver dans un membre qu'une seule lettre quelconque désignée. Soit par exemple l'égalité : $\frac{a \times b}{c} + d - e = g$ et supposons qu'on ne veuille conserver que la lettre a dans le premier membre ; en faisant passer d'abord d et c dans le second membre, on aura :

$$\frac{a \times b}{c} = g - d + e$$

En divisant ensuite les deux membres par b et les multipliant par c, on obtient :

$$a = \frac{g - d + e}{b} \times c.$$

On conçoit que ces transformations sont de la plus grande utilité ; car si l'on connaissait les valeurs particulières de toutes les lettres, excepté de la lettre a, la dernière égalité montre comment on en déduirait la valeur.

Généralement, quand une quantité inconnue doit être représentée par une lettre, on emploie pour cela une des dernières lettres de l'alphabet x, y, etc. — Les premières lettres représentent ordinairement des quantités connues. Quand dans une égalité il entre une ou plusieurs quantités inconnues, cette égalité prend le nom d'*équation*.

PRINCIPE DES EXPOSANTS.

Quand on a à multiplier un nombre élevé à une puissance quelconque par le même nombre élevé à une puissance quelconque, le produit est égal à ce nombre élevé à une puissance marquée par la somme des deux exposants ; ainsi on aura par exemple :

$$a^3 \times a^2 = a^{3+2} = a^5$$

En effet a^3 n'est autre chose que $a \times a \times a$ et a^2 n'est autre chose que $a \times a$; le produit proposé est donc : $a \times a \times a \times a \times a$ ou a pris cinq fois comme facteur, produit qu'on est convenu de représenter par a^5.

Quand un nombre n'a pas d'exposant, il est sous-entendu qu'il a l'exposant 1 puisqu'il est pris une fois comme facteur, donc :

$$a^2 \times a = a^{2+1} = a^3$$

Si on veut écrire le principe précédent d'une manière plus générale, au lieu de représenter les exposants par des nombres, on les représentera aussi par des lettres m et n, par exemple, et l'on écrira :

$$a^m \times a^n = a^{m+n} \text{ (1).}$$

EXERCICES D'APPLICATION.

1°. Trouver la valeur que prend l'expression : $\frac{a^3 + b^2 - c}{a - b}$ pour $a = 8$, $b = 6$, $c = 20$.

2° Trouver la valeur de la même expression pour $a = 5$, $b = 2$, $c = 100$.

3° Trouver la valeur de l'expression

$$\frac{a^3b - c^2 + abc}{a^2c - b^2} - \frac{a^2}{c}$$

pour $a = 6$ $b = 5$ et $c = 4$.

4° Trouver la valeur de la même expression pour $a = 10$, $b = 5$ et $c = 8$.

(1) Ces principes très-simples et qui ne sont en réalité que de l'arithmétique, puisque nous ne faisons représenter aux lettres que des nombres tels que ceux que nous avons considérés jusqu'alors, suffisent pour pouvoir traiter toutes les questions d'arithmétique qui doivent compléter ce cours.

5° Trouver la valeur de l'expression

$$\frac{a}{b}+\frac{c}{d}-\frac{a^2b^3}{c}+\frac{6a^2b^3c}{d}$$

pour $a = 6$, $b = 4$, $d = 8$, $c = 10$.

6° Déduire la valeur de a de chacune des expressions suivantes :

$$a + b - d = c.$$

$$a - d - \frac{b}{c} = f.$$

$$a \times b + c = d.$$

$$\frac{a \times b}{e^2} + c = g.$$

$$\frac{\frac{a}{b} + c}{d} = g.$$

$$\frac{\frac{a \times b}{c} + d}{g} = f.$$

7° Écrire les produits :

De a^2 par a^5.
De a par a^6.
De a^2b^3 par a^3b^4.
De ab par a.
De a^2b^3c par ab^2c^3.

DEUXIÈME LEÇON.

EXTRACTION DE LA RACINE CARRÉE DES NOMBRES.

Nous avons dit que le carré d'un nombre est le produit de ce nombre par lui-même.

On appelle *racine carrée* d'un nombre un second nombre qui élevé au carré reproduit le premier.

La plupart du temps, la racine carrée d'un nombre ne pourra être obtenue exactement, mais alors on se contente de la chercher avec une certaine approximation; ainsi si l'on sait qu'une racine carrée demandée se trouve comprise entre deux nombres entiers consécutifs, chacun de ces nombres entiers représente la racine demandée à une unité près; de même si elle est comprise entre deux nombres différant entr'eux de un centième, chacun de ces nombres représentera la racine demandée à un centième près.

RACINE CARRÉE D'UN NOMBRE DE UN OU DEUX CHIFFRES.

Le carré de 10 étant 100, tout nombre entier inférieur à 100 aura sa racine carrée inférieure à 10, et par conséquent n'aura qu'un chiffre à sa partie entière, et pour connaître ce chiffre, il suffit de se rappeler les carrés des neuf premiers nombres entiers :

1	2	3	4	5	6	7	8	9
1	4	9	16	25	36	49	64	81.

Ainsi 72 étant compris entre 64 et 81, sa racine carrée est comprise entre 8 et 9, et l'on dit que 8 est la racine carrée du plus grand carré inférieur à 72.

RACINE CARRÉE D'UN NOMBRE DE PLUS DE DEUX CHIFFRES.

Pour trouver la racine carrée d'un nombre plus grand que 100, et par conséquent plus grande elle-même que 10, il importe de connaître la composition du carré d'un nombre composé de dizaines et d'unités. — Considérons pour cela d'une manière générale le carré d'un nombre $a + b$ composé de deux parties.

Pour faire le carré de $a + b$, il faut le multiplier par lui-même ou d'abord par a, puis par b, et ajouter ensemble les résultats; on sait d'ailleurs que pour multiplier $a + b$ par a, il suffit de multiplier a par a, puis b par a; en effectuant ces opérations, on trouve $a^2 + ab$ pour le

$$\begin{array}{l} a + b \\ a + b \\ \hline a^2 + ab \\ \qquad + ab + b^2 \\ \hline a^2 + 2ab + b^2 \end{array}$$

produit de $a + b$ par a et $ab + b^2$ pour le produit de $a + b$ par b; en ajoutant on obtient : $a^2 + 2ab + b^2$; donc :

Le carré d'un nombre renfermant deux parties se compose : 1° du carré de la première, 2° du double produit de la première par la seconde, 3° du carré de la seconde.

Et si a représente les dizaines d'un nombre et b ses unités, l'énoncé précédent deviendra :

Le carré d'un nombre renfermant des dizaines et des unités se compose : 1° du carré des dizaines, 2° du double produit des dizaines par les unités, 3° du carré des unités.

Soit proposé maintenant d'extraire la racine carrée d'un nombre de moins de cinq chiffres 4589.

```
45.89 | 67
3600  |----
----- | 12
 98.9 |
 127
   8
------
 1024
  127
    7
------
  889
------
  100
```

Ce nombre, étant plus grand que 100, aura des dizaines à sa racine. — Or, le carré des dizaines donnant toujours des centaines, le carré du chiffre des dizaines de la racine se trouvera forcément compris dans les 45 centaines du nombre proposé, ce qui conduit à séparer deux chiffres sur la droite; de plus, si l'on cherche la racine carrée du plus grand carré inférieur à 45, le nombre 6 qu'on obtient ainsi sera forcément le chiffre des dizaines de la racine; en effet le carré de 6 est 36, et par suite le carré de 60 est 3600, nombre inférieur à 4589; d'ailleurs le carré de 7 est 49, et par suite le carré de 70 est 4900, nombre supérieur à 4589; le nombre proposé est donc compris entre le carré de 60 et celui de 70; dans 6 est le chiffre des dizaines de la racine. — Cela posé, 4589 étant le carré d'un nombre contenant 6 dizaines et un nombre inconnu d'unités, peut être considéré comme composé de trois parties: 1° du carré de 6 dizaines, 2° du double produit de 6 dizaines par le chiffre inconnu des unités, 3° du carré des unités; si donc de ce nombre on retranche le carré 3600 de 6 dizaines, le reste 989 ne contiendra plus que les deux dernières parties; or, le double produit des dizaines par les unités donne un nombre exact de dizaines qui sont comprises forcément dans les 98 dizaines du reste, ce qui conduit à séparer un chiffre sur la droite de ce reste. — Si les 98 dizaines ne contenaient pas d'autres dizaines que celles qui proviennent du double produit des dizaines de la racine par les unités, en divisant 98 par le double 12 des dizaines de la racine, on obtiendrait exactement pour quotient le chiffre des unités; mais comme ces 98 dizaines peuvent encore contenir des dizaines provenant du carré des unités, et du reste, lorsqu'il y en a un, le quotient obtenu 8 pourra être trop fort; pour le vérifier, on pourrait élever 98 au carré et voir si ce carré excède le nombre proposé; mais comme de ce nombre on a déjà retranché le carré des dizaines de 98, il suffit de s'assurer que le reste n'est pas inférieur à la somme des deux autres parties du carré qui sont le double produit des dizaines par les unités ou 120×8 et le carré des unités 8×8, parties qui réunies ensemble donnent :

$$120 \times 8 + 8 \times 8 \text{ ou } 128 \times 8 = 1024.$$

Comme 1024 est plus fort que le reste 989, 8 est trop fort; en essayant de la même manière le chiffre 7, on obtient pour les deux dernières parties du carré $127 \times 7 = 889$, nombre inférieur au reste; 7 est donc le chiffre des unités, et si l'on retranche 889 de 989, le reste 100 représentera l'excès du nombre proposé sur le carré de 97, c'est-à-dire sur le plus grand carré qu'il renferme.

Supposons qu'il s'agisse d'un nombre de plus de quatre chiffres 589432. — En raisonnant comme précédemment, on verra que ce nombre étant plus grand que 100 aura des dizaines à sa racine et que pour en obtenir le nombre, il suffit d'extraire la racine carrée du plus grand carré contenu dans les 5894 centaines d'un nombre. — On est donc ramené pour avoir le nombre des dizaines de la racine à opérer comme il a été dit dans le cas précédent; en faisant l'opération, on trouve 76 et 118 pour reste : si 118 représente

5894.32	768
4900	
99.4	
146	
1183.2	
1428	
408	

l'excès de 5894 sur le carré de 76, l'excès de 589400 sur le carré de 76 dizaines sera 11800, et par suite l'excès du nombre proposé sur le carré de 76 dizaines est 11832. — On voit donc qu'on est conduit à abaisser à la droite du reste les deux chiffres qu'on a séparés à la droite du nombre proposé. — On trouvera ensuite le chiffre des unités d'après le même raisonnement que dans le cas précédent, en divisant les 1183 dizaines du reste par le double 142 du nombre des dizaines de la racine; on obtient ainsi 8 pour chiffre des unités et 408 pour l'excès du nombre proposé sur le plus grand carré qu'il renferme.

On voit facilement comment on passerait de là à un nombre contenant plus de six chiffres et l'on pourra en conclure la règle générale suivante :

Pour extraire la racine carrée d'un nombre entier, on sépare ce nombre en tranches de deux chiffres à partir de la droite, sauf à ne laisser qu'un chiffre à la dernière tranche à gauche; on cherche la racine carrée du plus grand carré contenu dans cette tranche, et l'on obtient ainsi le premier chiffre de la racine; on retranche le carré de ce chiffre de la tranche considérée, et à la droite du reste on abaisse la tranche suivante; on sépare un chiffre sur la droite du nombre ainsi obtenu, et l'on divise la partie à gauche par le double du chiffre mis à la racine; on obtient ainsi le chiffre suivant ou un chiffre trop fort; pour le vérifier on l'écrit à la droite du double du premier chiffre et on multiplie le nombre résultant par le chiffre à essayer; si le produit n'excède pas le reste, le chiffre est bon; s'il l'excède on le diminue d'une unité et l'on recommence la vérification; on recommence cette vérification en diminuant successivement d'une unité le chiffre à mettre à la racine, jusqu'à ce qu'on arrive à un résultat qui n'excède pas le reste; ce chiffre trouvé, on obtient un nouveau reste à la droite duquel on abaisse la tranche suivante, et l'on continue de la même manière jusqu'à ce qu'on ait épuisé toutes les tranches du nombre proposé.

Il arrive quelquefois dans la pratique que, si l'on trouve un chiffre trop fort, pour aller plus vite, on diminue ce chiffre de plus d'une unité; il pourra se faire alors qu'on mette à la racine un chiffre trop faible; comment en sera-t-on averti? Il suffit, pour que le chiffre ne soit pas trop faible, que le reste n'excède pas le double de la racine.

En effet, si l'on prend les carrés de deux nombres entiers consécutifs a et $a+1$, le carré du premier est a^2, le carré du second est a^2+2a+1, donc le carré du second surpasse le carré du premier de deux fois ce premier, plus 1, il résulte de là que si un reste d'une extraction de racine carrée était seulement égal à deux fois la racine plus 1, le nombre proposé, surpassant le carré de cette racine de deux fois cette racine + 1, serait le carré du nombre entier suivant, le dernier chiffre écrit à la racine serait donc trop faible.

TROISIÈME LEÇON.

RACINES APPROCHÉES.

Les racines obtenues jusqu'ici sont des racines obtenues à moins d'une unité près. Ainsi dans le nombre 4589, la racine obtenue 67 est trop faible puisqu'il y a un reste, et d'un autre côté, 68 est trop fort, puisque, 67 étant la racine carrée du plus grand carré contenu dans 4589, 68 élevé au carré donnerait donc un nombre entier plus grand que 4589. — La racine exacte, étant comprise entre 67 et 68, diffère de chacun de ces nombres de moins d'une unité. — Cela serait encore vrai, si le nombre 4589 était suivi d'une partie décimale, car le carré de 68 serait toujours supérieur à un pareil nombre qui surpasse le premier de moins d'une unité; *donc quand on demande la racine carrée d'un nombre quelconque à moins d'une unité, il suffit de considérer la partie entière de ce nombre et d'en extraire la racine carrée comme il a été indiqué.*

RACINES CARRÉES DES NOMBRES DÉCIMAUX.

Remarquons que, si on élève au carré des dixièmes, le résultat exprimera des centièmes; si on élève au carré des centièmes, le résultat exprimera des dix millièmes, etc. — Donc le carré d'un nombre décimal contient toujours un nombre de chiffres décimaux double de celui que contient le nombre décimal lui-même; d'après cela, si l'on veut avoir des dixièmes à la racine carrée d'un nombre, il faudra faire exprimer des centièmes à ce nombre; si l'on veut avoir des centièmes à la racine, il faudra faire exprimer au nombre des dix millièmes, etc., et en général, on devra disposer le nombre proposé de manière à ce qu'il contienne deux fois autant de chiffres décimaux qu'on veut en obtenir à la racine.

Soit par exemple proposé d'extraire la racine carrée du nombre 56,484 de manière qu'elle exprime des centièmes. — Nous disposerons le nombre de manière à ce qu'il exprime des dix millièmes, ce qui nous donne 56,4840. En extrayant la racine carrée de ce nombre comme s'il était entier, on obtient 751, et comme cette racine exprime des centièmes,

```
564.840 | 751
 74.8   |------
------- |
 145
-------
  234.0
  1501
-------
   839
```

on aura pour le résultat demandé 7,51. — Je dis de plus que cette racine est approchée, à un centième près; en effet, élevée au carré elle donnerait un résultat plus faible que le nombre proposé, et si on l'augmente de 0,01, 7,52 élevé au carré donnerait un résultat plus grand, la racine carrée exacte est donc comprise entre 7,51 et 7,52, elle diffère donc de chacun de ces deux nombres de moins de un centième. On verrait facilement que la conclusion serait tout-à-fait la même s'il y avait encore des chiffres décimaux après le chiffre des dix millièmes du nombre proposé.

Donc pour extraire la racine carrée d'un nombre avec

une approximation marquée par une unité décimale, il suffit de disposer ce nombre, soit en ajoutant des zéros à droite de la partie décimale, soit en supprimant des chiffres décimaux s'il y en a en excès, de manière qu'il contienne deux fois autant de chiffres décimaux qu'il y en a dans la fraction décimale qui marque l'approximation.

RACINE CARRÉE DES FRACTIONS.

Les fractions pouvant être converties en nombres décimaux, il sera facile d'en extraire la racine carrée lorsqu'on demandera que l'approximation soit marquée par une unité décimale, et c'est ce qui arrive presque toujours. Mais il peut se faire que l'approximation soit marquée par une fraction quelconque. Or, remarquons que pour élever une fraction au carré, il faut la multiplier par elle-même, c'est-à-dire élever successivement au carré son numérateur et son dénominateur; donc, réciproquement, pour extraire la racine carrée d'une fraction, il suffira d'extraire la racine carrée de ses deux termes.

D'après cela, soit proposé d'extraire la racine carrée à moins de $\frac{1}{7}$ d'une fraction dont le dénominateur est le carré de 7, $\frac{18}{7^2}$ par exemple; la racine carrée de 18 étant comprise entre 4 et 5, la racine carrée de $\frac{18}{7^2}$ sera comprise entre $\frac{4}{7}$ et $\frac{5}{7}$, et par conséquent diffère de chacun d'eux de moins de $\frac{1}{7}$, — donc étant proposé un nombre quelconque entier, décimal ou fractionnaire, pour avoir sa racine à moins d'une fraction quelconque dont le numérateur est l'unité, il suffira de convertir ce nombre en une expression fractionnaire équivalente ayant pour dénominateur le carré du dénominateur de la fraction qui marque l'approximation, et de prendre pour numérateur du résultat cherché la racine carrée du numérateur à moins d'une unité. — Ainsi, si l'on donne un nombre quelconque a, comme $a = \frac{a \times 7^2}{7^2}$, il suffira d'extraire à moins d'une unité la racine carrée du produit de a par le carré du dénominateur et de donner pour dénominateur au résultat, le dénominateur de la fraction.

On remarquera que ce produit $a \times 7^2$ est un nombre quelconque, entier, décimal ou fractionnaire; dans tous les cas, il suffit, comme on l'a vu, de considérer sa partie entière.

Dans le cas particulier où le nombre proposé est une fraction ayant même dénominateur que la fraction qui marque l'approximation, pour que son dénominateur devienne le carré de ce dénominateur, il suffit de multiplier les deux termes de la fraction par le dénominateur; ainsi pour avoir la racine carrée de $\frac{8}{11}$ à $\frac{1}{11}$ près, on remarque que $\frac{8}{11} = \frac{8 \times 11}{11^2} = \frac{88}{11^2}$; la racine carrée de 88 étant comprise entre 9 et 10, la racine carrée de la fraction sera comprise entre $\frac{9}{11}$ et $\frac{10}{11}$.

SIGNE DE L'EXTRACTION DE LA RACINE CARRÉE. Pour indiquer qu'on doit extraire la racine carrée d'une quantité, on place devant un $\sqrt{}$ avec un trait horizontal qui doit recouvrir toute la partie dont on doit extraire la racine carrée. Ainsi $\sqrt{a^2 + b^2c}$ exprime qu'on doit extraire la racine carrée du nombre qu'on obtient quand à a^2, on ajoute b^2c.

QUATRIÈME LEÇON.

EXTRACTION DE LA RACINE CUBIQUE DES NOMBRES.

Nous avons dit que le cube d'un nombre est le produit de trois facteurs égaux à ce nombre.

On appelle *racine cubique* d'un nombre, un second nombre qui élevé au cube reproduit le premier.

La plupart du temps, la racine cubique d'un nombre ne pourra être obtenue exactement, mais alors comme pour la racine carrée, on se contente de la chercher avec une certaine approximation.

RACINE CUBIQUE D'UN NOMBRE DE UN, DEUX OU TROIS CHIFFRES.

Le cube de 10 étant 1000, tout nombre entier inférieur à 1000 aura sa racine cubique inférieure à 10, et par conséquent n'aura qu'un chiffre à sa partie entière, et, pour connaître ce chiffre, il suffit de se rappeler les cubes des neuf premiers nombres entiers.

1	2	3	4	5	6	7	8	9
1	8	27	64	125	216	343	512	729.

Ainsi 645 étant compris entre 512 et 729, sa racine cubique est comprise entre 8 et 9, et l'on dit que 8 est la racine cubique du plus grand cube inférieur à 645.

RACINE CUBIQUE D'UN NOMBRE DE PLUS DE TROIS CHIFFRES.

Pour trouver la racine cubique d'un nombre plus grand

que 1000, et par conséquent plus grande elle-même que 10, il importe de connaître la composition du cube d'un nombre composé de dizaines et d'unités. Considérons pour cela d'une manière générale le cube d'un nombre $a + b$ formé de deux parties.

Pour faire le cube d'un nombre, il suffit de multiplier son carré par le nombre lui-même; or, le carré de $a + b$ est, comme nous l'avons trouvé : $a^2 + 2ab + b^2$; et pour multiplier cette quantité par $a + b$, il suffit de la multiplier d'abord par a, puis par b et d'ajouter les deux produits partiels :

$$\begin{array}{rrrr} a^2 + 2ab + b^2 & & & \\ a + b & & & \\ \hline a^3 + 2a^2b + ab^2 & & & \\ a^2b + 2ab^2 + b^3 & & & \\ \hline a^3 + 3a^2b + 3ab^2 + b^3 & & & \end{array}$$

Le premier produit est $a^3 + 2a^2b + ab^2$, le second $a^2b + 2ab^2 + b^3$; si on les ajoute, en observant que deux fois a^2b plus une fois a^2b donnent $3a^2b$ et que $ab^2 + 2ab^2 = 3ab^2$, on aura pour le cube cherché : $a^3 + 3a^2b + 3ab^2 + b^3$. Donc : *le cube d'un nombre renfermant deux parties se compose :*

1° Du cube de la première partie.

2° Du triple produit du carré de la première par la seconde.

3° Du triple produit de la première par le carré de la seconde.

4° Du cube de la seconde.

Et si a représente les dizaines d'un nombre, et b ses unités, l'énoncé précédent deviendra :

Le cube d'un nombre renfermant des dizaines et des unités se compose :

1° Du cube des dizaines.

2° Du triple produit du carré des dizaines par les unités.

3° Du triple produit des dizaines par le carré des unités.

4° Du cube des unités.

Soit proposé maintenant d'extraire la racine cubique d'un nombre de moins de sept chiffres 292328 :

```
292.328 | 66
216000  |-----------
--------| 36 × 3 = 108                    10800 × 7  = 75600
 763.28                                     180 × 7² =  8820
 71496                                            7³ =   343
--------                                        ---------
  4832     10800 × 6  = 64800                       84763
             180 × 6² =  6480
                   6³ =   216
                        ------
                         71496
```

Ce nombre étant plus grand que 1000 aura des dizaines à sa racine; or, le cube des dizaines donnant toujours des mille, le cube du chiffre des dizaines de la racine se trouvera forcément compris dans les 292 mille du nombre proposé, ce qui conduit à séparer trois chiffres sur la droite; de plus, si l'on cherche la racine cubique du plus grand cube inférieur à 292, le nombre 6 qu'on obtient ainsi sera forcément le chiffre des dizaines de la racine; on le démontrerait comme on l'a fait pour l'extraction de la racine carrée; cela posé, le nombre 292328 étant le cube d'un nombre contenant six dizaines et un nombre inconnu d'unités, peut être considéré comme composé de quatre parties : 1° du cube de six dizaines; 2° du triple produit du cube de six dizaines par le chiffre inconnu des unités; 3° du triple produit des dizaines par le carré des unités; 4° du cube des unités; si donc de ce nombre on retranche le cube 216000 de six dizaines, le reste 76328 ne contiendra plus que les trois dernières parties; or, le triple produit du carré des dizaines par les unités donne un nombre exact de centaines qui sont comprises forcément dans les 763 centaines du reste, ce qui conduit à séparer deux chiffres sur la droite de ce reste. Si les 763 centaines ne contenaient pas d'autres centaines que celles qui proviennent du triple produit du carré des dizaines de la racine par les unités, en divisant 763 par le triple carré $36 \times 3 = 108$ des dizaines de la racine, on obtiendrait exactement pour quotient le chiffre des unités; mais comme ces 763 centaines peuvent encore contenir des centaines provenant des deux dernières parties du cube et du reste, lorsqu'il y en a un, le quotient obtenu 7 pourra être trop fort; pour le vérifier, on pourrait élever 67 au cube et voir si ce cube excède le nombre proposé; mais comme de ce nombre on a déjà retranché le cube des dizaines de 67, il suffit de s'assurer que le reste n'est pas inférieur à la somme des trois autres parties du cube qui sont : 1° le triple produit du carré de six dizaines par les unités ou $10800 \times 7 = 75600$; 2° le triple produit des dizaines par le carré des unités ou $180 \times 7^2 = 8820$; 3° le cube des unités $7^3 = 343$. — Comme cette somme, qui est égale à 84763, est plus forte que le reste 76328, 7 est trop fort. En essayant de la même manière le chiffre 6, on obtient pour les trois dernières parties du cube 71496, nombre inférieur au reste; 6 est donc le chiffre des unités, et si l'on retranche 71496 de 76328, le reste 4832 représentera l'excès du nombre proposé sur le cube de 66, c'est-à-dire sur le plus grand cube qu'il renferme.

En raisonnant comme pour la racine carrée, on verra facilement comment on peut passer du cas que nous venons de considérer au cas où le nombre proposé aurait plus de six chiffres et moins de dix, et ainsi de suite, et l'on pourra en conclure la règle générale suivante :

Pour extraire la racine cubique d'un nombre entier, on sépare ce nombre en tranches de trois chiffres à partir de la droite, sauf à ne laisser qu'un ou deux chiffres à la dernière tranche à gauche; on cherche la racine cubique du plus grand cube contenu dans cette tranche, et l'on obtient ainsi le premier chiffre de la racine; on retranche le cube de ce chiffre de la tranche considérée, et à la droite du reste on abaisse la tranche suivante; on sépare deux chiffres sur la droite du nombre ainsi obtenu, et l'on divise la partie à gauche par le triple carré du chiffre mis à la racine; on obtient ainsi le chiffre suivant ou un chiffre trop fort; pour le vérifier, on fait la somme des trois dernières parties du cube du nombre déjà mis à la racine, c'est-à-dire le triple produit du carré des dizaines par les unités, le triple produit des dizaines par le carré des unités et le cube des unités; si cette somme n'excède pas le reste, le chiffre est bon; si elle l'excède, on le diminue d'une unité et l'on recommence la vérification; on recommence cette vérification en diminuant successivement d'une unité le chiffre mis à la racine, jusqu'à ce qu'on arrive à un résultat qui n'excède pas le reste. Ce chiffre trouvé, on obtient un nouveau reste à la droite duquel on abaisse la tranche suivante, et l'on continue de la même manière jusqu'à ce qu'on ait épuisé toutes les tranches du nombre proposé.

Il arrive quelquefois dans la pratique que, si l'on trouve un chiffre trop fort, pour aller plus vite on diminue ce chiffre de plus d'une unité; il pourra se faire alors qu'on mette à la racine un chiffre trop faible; comment en sera-t-on averti? Il suffit, pour que le chiffre ne soit pas trop faible, que le reste n'excède pas la somme qu'on obtient en ajoutant trois fois le carré de la racine à trois fois cette racine;

on le démontrerait par un raisonnement analógue à celui qui a été donné pour l'extraction de la racine carrée, en considérant les cubes de deux nombres entiers consécutifs.

CINQUIÈME LEÇON.

RACINES APPROCHÉES.

Nous ne répéterons pas ici les raisonnements que nous avons donnés sur l'approximation des racines quand il s'est agi de l'extraction de la racine carrée; ils sont tout-à-fait identiques pour la racine cubique; nous ne ferons qu'en signaler les résultats :

1° Pour extraire la racine cubique d'un nombre quelconque à moins d'une unité, il suffit d'extraire, comme nous l'avons fait, la racine cubique du plus grand cube contenu dans sa partie entière.

2° Pour extraire la racine cubique d'un nombre quelconque à moins d'une unité décimale, il suffit de disposer ce nombre de manière qu'il contienne trois fois autant de chiffres décimaux qu'il y en a dans la fraction décimale qui marque l'approximation.

3° Pour extraire la racine cubique d'un nombre quelconque à moins d'une fraction dont le numérateur est l'unité, il suffit de multiplier ce nombre par le cube du dénominateur de la fraction qui marque l'approximation, d'extraire la racine cubique du produit à moins d'une unité et de donner pour dénominateur au résultat le dénominateur de la fraction.

REMARQUE. Dans le cas particulier où le dénominateur de la fraction qui marque l'approximation est le même que celui d'une fraction dont on veut extraire la racine cubique, il suffit de multiplier le numérateur de cette dernière par le carré du dénominateur et de continuer l'opération comme précédemment.

Nous n'avons pas parlé du cas où l'approximation est marquée par une fraction quelconque; ce cas est très-rare, mais enfin on peut le ramener facilement au cas où le numérateur est l'unité; car si l'on a une fraction $\frac{5}{6}$ par exemple, on sait qu'on peut écrire $\frac{5}{6} = 1 : \frac{5}{6}$ ou $\frac{1}{\frac{6}{5}}$; ce qui représente bien une fraction ayant pour numérateur 1 et pour dénominateur $\frac{6}{5}$.

SIGNE DE L'EXTRACTION DE LA RACINE CUBIQUE. Pour indiquer qu'on doit extraire la racine cubique d'une quantité, on emploie le même signe que pour l'extraction de la racine carrée, en le faisant surmonter d'un 3. Ainsi $\sqrt[3]{a^2 + b^2c}$ exprime qu'on doit extraire la racine cubique du nombre qu'on obtient quand à a^2 on ajoute b^2c.

EXERCICES D'APPLICATION.

8° Trouver à une unité près les racines carrées des nombres : 4227, — 56495, — 286789, — 567,32, — 2458 $\frac{3}{7}$, $\frac{584}{32}$.

9° Trouver à un dixième près les racines carrées des nombres : 564, — 32428, — $\frac{347}{22}$, — 58 $\frac{3}{7}$, — 245,35, — 324,3, — 567,32689.

10° Trouver à un centième près les racines carrées des nombres : 32, — 45,6489, — 54,3, — 0,008, — 27,64329, — 24 $\frac{3}{7}$, — $\frac{2}{3}$, — $\frac{8}{9}$.

11° Extraire à $\frac{1}{15}$ près les racines carrées des nombres : 345, — 54,2, — $\frac{8}{15}$, — $\frac{9}{11}$, — 0,254.

12° La différence des carrés de deux nombres entiers consécutifs est 23 ; quels sont ces deux nombres?

13° Extraire à une unité près les racines cubiques des nombres : 35649, — 384568, — 58976432, — 5897 $\frac{2}{7}$, — 56,43, — 0,47.

14° Extraire à un dixième près les racines cubiques des nombres : 542, — 324,548, — 32,27, — 36,4897, — 0,478, — 35$\frac{4}{9}$, — — $\frac{2}{3}$, — $\frac{1}{15}$, 358, — 37,326489, — 56,4345, — 5,3289654, — 56$\frac{3}{7}$ — $\frac{524}{29}$, — 0,045, — 0,00085, — $\frac{2}{3}$, — $\frac{3}{7}$.

15° Extraire à $\frac{1}{7}$ près les racines cubiques des nombres : 37, — 45,8 — 0,23 — $\frac{3}{7}$, — $\frac{32}{49}$, — $\frac{8}{11}$.

SIXIÈME LEÇON.

RAPPORTS ET PROPORTIONS.

DÉFINITIONS. On appelle *rapport*, le résultat de la comparaison de deux quantités. — Quand la comparaison a pour but de chercher de combien l'une surpasse l'autre, le rapport est dit : *arithmétique* ou *par différence;* quand la comparaison a pour but de chercher combien l'une contient l'autre, le rapport est dit : *géométrique* ou *par quotient*. Ainsi 8 — 7 est un rapport arithmétique et $\frac{8}{7}$ ou 8 : 7 est un rapport géométrique. Dans tout rapport le prémier terme s'appelle l'*antécédent*, et le second terme, le *conséquent*. Ainsi dans chacun des deux rapports précédents, 8 est l'antécédent et 7 le conséquent.

On appelle *proportions*, l'expression de l'égalité de deux

rapports. La proportion est dite *arithmétique* ou *par différence*, quand les rapports sont arithmétiques ou par différence; elle est dite *géométrique* ou *par quotient*, quand les rapports sont géométriques ou par quotient. — Ainsi

$$8 - 5 = 9 - 6$$

forme une proportion arithmétique et

$$\frac{12}{4} = \frac{15}{5}$$

forme une proportion géométrique.

Au lieu d'écrire les proportions comme on vient de le faire, il est encore d'habitude de les écrire de la manière suivante

$$8 \,.\, 5 : 9 \,.\, 6$$

pour la proportion arithmétique, et

$$12 : 4 :: 15 : 5$$

pour la proportion géométrique, et on les énonce : 8 *est à* 5 *comme* 9 *est à* 6, et 12 *est à* 4 *comme* 15 *est à* 5; mais sous une forme ou sous une autre, elles signifient toujours la même chose; la première forme a l'avantage de bien faire voir que l'on n'entre pas dans des considérations nouvelles, qu'il s'agit simplement de fractions égales sur lesquelles on peut faire toutes les transformations que nous avons indiquées, tandis qu'avec l'autre forme, l'élève se figure toujours qu'il aborde quelque chose de tout-à-fait nouveau et, par conséquent des difficultés nouvelles. Tout ce que nous allons dire, au contraire, peut être considéré comme de simples remarques faites sur des différences ou sur des fractions.

Néanmoins, à cause de la grande habitude que l'on a encore de les considérer sous la première forme, nous les écrirons de cette manière, mais nous aurons recours à l'autre pour démontrer plus simplement les principes.

Dans une proportion quelconque, l'antécédent et le conséquent du premier rapport s'appellent : *premier antécédent, premier conséquent;* l'antécédent et le conséquent du second rapport s'appellent : *second antécédent, second conséquent;* le premier et le dernier terme s'appellent les *extrêmes*, les deux termes du milieu s'appellent les *moyens;* ainsi dans la proportion 12 : 4 :: 15 : 5, 12 est le premier antécédent, 4 le premier conséquent, 15 le second antécédent, 5 le second conséquent ; 12 et 5 sont les extrêmes et 4 et 15 sont les moyens.

Quand dans une proportion les moyens sont égaux, la proportion est dite *continue* et le terme moyen répété est une *moyenne arithmétique* ou une *moyenne géométrique ;* ainsi les deux proportions

12 . 7 : 7 . 2
48 : 12 :: 12 : 3

sont des proportions continues. 7 est une moyenne arithmétique entre 12 et 2, et 12 une moyenne géométrique entre 48 et 3. — Quelquefois, pour abréger, on écrit les proportions continues de la manière suivante :

÷ 12 . 7 . 2

pour les proportions arithmétiques, et

∺ 48 : 12 : 3

pour les proportions géométriques.

PRINCIPES SUR LES PROPORTIONS ARITHMÉTIQUES.

1° Dans toute proportion arithmétique, la somme des extrêmes est égale à la somme des moyens.

Soit la proportion : $a \cdot b : c \cdot d$, je dis que $a + d = b + c$. — En effet la proportion peut s'écrire :

$$a - b = c - d$$

si à ces deux quantités égales, on ajoute $b + d$, on aura

$$a - b + b + d = c - d + d + b$$

ou $a + d = c + b$ c. q. f. d.

2° Toutes les fois que quatre nombres écrits sur une même ligne sont tels que la somme des extrêmes est égale à la somme des moyens, ces quatre nombres forment une proportion arithmétique.

Soient en effet les quatre nombres a, b, c, d, tels que $a + d = b + c$; si de ces deux quantités égales, on retranche $d + b$, on aura :

$$a + d - d - b = b + c - d - b$$

ou $a - b = c - d$

ou $a \cdot b : c \cdot d$ c. q. f. d

REMARQUE. Puisque, pour qu'il y ait proportion, il suffit que la somme des extrêmes soit égale à la somme des moyens, étant donnée une proportion quelconque, si l'on change l'ordre des termes de manière que deux mêmes termes soient toujours ensemble, tous deux extrêmes ou tous deux moyens, il y aura toujours proportion ; de là, huit manières différentes d'écrire une proportion arithmétique donnée :

$$a \cdot b : c \cdot d$$
$$a \cdot c : b \cdot d$$
$$d \cdot b : c \cdot a$$
$$d \cdot c : b \cdot a$$
$$b \cdot a : d \cdot c$$
$$b \cdot d : a \cdot c$$
$$c \cdot a : d \cdot b$$
$$c \cdot d : a \cdot b$$

3° Trouver un terme inconnu d'une proportion arithmétique, quand on connaît les trois autres.

Soit à trouver le quatrième terme de la proportion $a.b:c.x$; puisque la somme des extrêmes est égale à la somme des moyens :

$$x + a = b + c$$
$$\text{d'où } x = b + c - a$$

Donc : *quand l'inconnue est un extrême, on trouve sa valeur en faisant la somme des moyens et en retranchant de cette somme l'extrême connu.*

On verrait de même que, *quand l'inconnue est un moyen, on trouve sa valeur en faisant la somme des extrêmes et en retranchant de cette somme le moyen connu.*

4° Trouver une moyenne arithmétique entre deux nombres a et b.

Soit x la moyenne cherchée, on devra avoir la proportion :

$$a \,.\, x : x \,.\, b$$

et comme la somme des extrêmes est égale à la somme des moyens

$$2x = a + b$$
$$\text{d'où } x = \frac{a + b}{2}$$

Donc : *pour trouver une moyenne arithmétique entre deux nombres, il suffit de prendre la moitié de leur somme.*

5° Si l'on augmente un extrême et un moyen, ou tous les termes d'une même quantité dans une proportion arithmétique, il y a toujours proportion.

Car il est facile de voir que la somme des extrêmes reste toujours égale à la somme des moyens.

On verrait de même qu'on peut diminuer un extrême et

un moyen, ou tous les termes d'une proportion arithmétique d'une même quantité sans qu'il cesse d'y avoir proportion.

6° Si deux proportions arithmétiques ont un rapport commun, les deux autres rapports sont en proportion.

Ainsi, si l'on a :

$$a \cdot b : c \cdot d \quad \text{ou} \quad a - b = c - d$$
$$\text{et } e \cdot f : c \cdot d \quad \text{ou} \quad e - f = c - d$$

on aura $a - b = e - f$, ou $a \cdot b : e \cdot f$, puisque deux quantités égales à une troisième sont égales entr'elles.

7° Si l'on ajoute ou si l'on retranche deux proportions arithmétiques terme à terme, les résultats sont encore en proportion.

Ainsi si l'on a :

$$a \cdot b : c \cdot d$$
$$e \cdot f : g \cdot h$$

On aura aussi :

$$a + e \cdot b + f : c + g \cdot d + h.$$

Il suffit pour le démontrer de faire voir que la somme des extrêmes $a + e$ et $d + h$ est égale à la somme des moyens $b + f$ et $c + g$. — En effet la première proportion donne :

$$a + d = b + c$$

La seconde donne :

$$e + h = f + g$$

En ajoutant ces deux égalités terme à terme, on obtient :

$$a + d + e + h = b + c + f + g. \quad c. q. f. d.$$

On démontrerait de même le principe analogue relatif à la soustraction.

Il résulte de là qu'on peut doubler les termes d'une proportion arithmétique sans qu'il cesse d'y avoir proportion; car si l'on considère une proportion $a \,.\, b : c \,.\, d$, en ajoutant cette proportion à elle-même, on aura $2a \,.\, 2b : 2c \,.\, 2d$. — On voit de même qu'on peut tripler et en général multiplier par un nombre quelconque tous les termes d'une proportion arithmétique.

8° Si l'on a une proportion arithmétique, les moitiés de tous les termes sont aussi en proportion arithmétique.

En effet, si l'on a la proportion $a \,.\, b : c \,.\, d$, on tire de là $a - b = c - d$, d'où $\frac{a}{2} - \frac{b}{2} = \frac{c}{2} - \frac{d}{2}$, ou $\frac{a}{2} \,.\, \frac{b}{2} : \frac{c}{2} \,.\, \frac{d}{2}$.

9° Dans toute proportion arithmétique, la somme des antécédents est à la somme des conséquents, comme le double d'un antécédent est au double de son conséquent.

Soit la proportion $a \,.\, b : c \,.\, d$. Si à cette proportion on ajoute la proportion identique, $c \,.\, d : c \,.\, d$, on aura :

$$a + c \,.\, b + d : 2c \,.\, 2d. \quad \text{c. q. f. d.}$$

SEPTIÈME LEÇON.

PRINCIPES SUR LES PROPORTIONS GÉOMÉTRIQUES.

1° Dans toute proportion géométrique, le produit des extrêmes est égal au produit des moyens.

Soit la proportion $a : b :: c : d$, je dis que $a \times d \times b = c$. — En effet la proportion peut s'écrire

$$\frac{a}{b} = \frac{c}{d}$$

et si l'on multiplie ces deux quantités égales par $b \times d$, on aura

$$\frac{a \times b \times d}{b} = \frac{c \times b \times d}{d}$$

$$\text{ou } a \times d = c \times b. \quad c.\ q.\ f.\ d.$$

2° Toutes les fois que quatre nombres écrits sur une même ligne sont tels que le produit des extrêmes est égal au produit des moyens, ces quatre nombres forment une proportion géométrique.

Soient en effet les quatre nombres a, b, c, d, tels que $a \times d = b \times c$; si l'on divise ces deux quantités égales par $b \times d$, on aura :

$$\frac{a \times d}{b \times d} = \frac{b \times c}{b \times d}$$

$$\text{ou } \frac{a}{b} = \frac{c}{d}$$

$$\text{ou } a : b :: c : d \quad c.\ q.\ f.\ d.$$

REMARQUE. Puisque, pour qu'il y ait proportion, il suffit que le produit des extrêmes soit égal au produit des moyens, étant donnée une proportion géométrique quelconque, si l'on change l'ordre des termes de manière que deux mêmes termes soient toujours ensemble, tous deux extrêmes ou tous deux moyens, il y aura toujours proportion ; de là, huit manières différentes d'écrire une proportion géométrique donnée.

(Voir les proportions arithmétiques.)

3° Trouver un terme inconnu d'une proportion géométrique, quand on connaît les trois autres.

Soit à trouver le quatrième terme de la proportion $a : b :: c : x$; puisque le produit des extrêmes est égal au produit des moyens,

$$x \times a = b \times c$$
$$\text{d'où} \quad x = \frac{b \times c}{a}$$

Donc : *quand l'inconnue est un extrême, on trouve sa valeur en faisant le produit des moyens et en divisant ce produit par l'extrême connu.*

On verrait de même que, quand l'inconnue est un moyen, on trouve *sa valeur en faisant le produit des extrêmes et en divisant ce produit par le moyen connu.*

4° Trouver une moyenne géométrique entre deux nombres a et b.

Soit x la moyenne cherchée, on devra avoir la proportion :

$$a : x :: x : b$$

et comme le produit des extrêmes est égal au produit des moyens :

$$x^2 = a \times b$$
$$\text{d'ou } x = \sqrt{a \times b}$$

Donc : *pour trouver une moyenne géométrique entre deux nombres, il suffit d'extraire la racine carrée de leur produit.*

5° Si l'on multiplie un extrême et un moyen, ou tous les termes par une même quantité dans une proportion géométrique, il y a toujours proportion, car il est facile de voir que le produit des extrêmes reste toujours égal au produit des moyens.

On verrait de même qu'on peut diviser un extrême et un moyen, ou tous les termes d'une proportion géométrique par une même quantité, sans qu'il cesse d'y avoir proportion.

6° Si deux proportions géométriques ont un rapport commun, les deux autres rapports sont en proportion.

Ainsi, si l'on a :

$$a : b :: c : d \quad \text{ou} \quad \frac{a}{b} = \frac{c}{d}$$

$$\text{et } e : f :: c : d \quad \text{ou} \quad \frac{e}{f} = \frac{c}{d}$$

on aura $\frac{a}{b} = \frac{e}{f}$ ou $a : b :: e : f$, puisque deux quantités égales à une troisième sont égales entr'elles.

7° Si l'on multiplie ou si l'on divise deux proportions géométriques terme à terme, les résultats sont encore en proportion :

Ainsi si l'on a :

$$a : b :: c : d$$
$$e : f :: g : h$$

on aura aussi

$$a \times e : b \times f :: c \times g : d \times h.$$

Il suffit pour le démontrer de faire voir que le produit des extrêmes $a \times e$ et $d \times h$ est égal au produit des moyens $b \times f$ et $c \times g$. — En effet, la première proportion donne :

$$a \times d = b \times c.$$

La seconde donne :

$$e \times h = f \times g.$$

En multipliant ces deux égalités terme à terme, on obtient :

$$a \times d \times e \times h = b \times c \times f \times g. \quad c.\ q.\ f.\ d.$$

On démontrerait d'une manière analogue le théorème relatif à la division.

Il résulte du principe précédent qu'on peut élever au carré tous les termes d'une proportion géométrique, sans qu'il cesse d'y avoir proportion, car si l'on considère une proportion,

$$a : b :: c : d$$

en la multipliant par elle-même, on obtient

$$a^2 : b^2 :: c^2 : d^2.$$

Il en est de même pour les cubes, et en général les puissances quelconques de tous les termes.

8° Si l'on a une proportion géométrique, les racines carrées de tous les termes sont aussi en proportion géométrique. — En effet, si l'on a la proportion $a : b :: c : d$, on tire de là $\frac{a}{b} = \frac{c}{d}$, d'où $\frac{\sqrt{a}}{\sqrt{b}} = \frac{\sqrt{c}}{\sqrt{d}}$, ou

$\sqrt{a} : \sqrt{b} :: \sqrt{c} : \sqrt{d}$ c. q. f. d.

9° Dans toute proportion géométrique le produit des antécédents est au produit des conséquents, comme le carré d'un antécédent est au carré de son conséquent.

Soit la proportion $a : b :: c : d$; si l'on multiplie cette proportion par la proportion identique $c : d :: c : d$, on aura

$$a \times c : b \times d :: c^2 : d^2.$$

Il résulte de là que si l'on a une suite de rapports égaux, 4 par exemple, le produit des antécédents est au produit des conséquents comme la quatrième puissance d'un antécédent est à la quatrième puissance de son conséquent.

Soit en effet la suite des quatre rapports égaux :

$$a : b :: c : d :: e : f :: g : h.$$

En ne considérant que les deux premiers rapports, on a :

$$ac : bd :: c^2 : d^2$$
$$\text{ou } ac : bd :: e^2 : f^2$$

Multipliant cette dernière proportion par la proportion identique $e : f :: e : b$, on aura :

$$ace : bdf :: e^3 : f^3$$
$$\text{ou } ace : bdf :: g^3 : h^3.$$

Multipliant enfin cette dernière proportion par la proportion identique $g : h :: g : h$, on aura :

$$aceg : bdfh :: g^4 : h^4 \quad c. q. f. d.$$

10° Dans toute proportion géométrique, la somme des deux premiers termes est au second terme, comme la somme des deux derniers est au dernier.

Pour démontrer cette proportion, remarquons d'abord que si dans une division, on ajoute le diviseur au dividende, le dividende contiendra une fois de plus le diviseur, et par suite le quotient ou le rapport du dividende au diviseur augmente d'une unité; d'après cela si l'on a la proportion :

$$a : b :: c : d$$

on aura aussi

$$a + b : b :: c + d : d$$

puisque les deux rapports, égaux d'abord, sont augmentés tous deux d'une unité.

Par le même raisonnement on prouverait que si l'on ajoute aux deux antécédents le même nombre de fois leurs conséquents, les résultats sont encore en proportion.

11° Si dans la proportion :

$$a + b : b :: c + d : d$$

on change les moyens de place, on aura :

$$a + b : c + d :: b : d.$$

Donc, dans toute proportion géométrique, la somme des deux premiers termes est à la somme des deux derniers comme le deuxième terme est au quatrième, ou, ce qui revient au même, comme le premier est au troisième.

12° Dans toute proportion géométrique, la somme des antécédents est à la somme des conséquents comme un antécédent quelconque est à son conséquent.

Soit la proportion $a : b :: c : d$; si on change les moyens de place, on aura :

$$a : c :: b : d$$

et d'après le principe précédent, on pourra écrire :

$$a + c : b + d :: a : b$$

ce qui démontre le principe énoncé.

OBSERVATION. On pourra remarquer qu'à l'exception des trois derniers principes dans lesquels il est question de somme dans les proportions géométriques, tous les autres sont tout-à-fait analogues à ceux qui ont été donnés pour les proportions arithmétiques. Les seules différences consistent en ce que partout où il y a somme, différence, produit ou division dans les proportions arithmétiques, il y a produit, quotient, élévation à une puissance ou extraction de racine dans les proportions géométriques. — Cette analogie qui va se présenter encore tout-à-fait de la même manière dans les progressions a conduit à la considération des logarithmes dont nous exposerons plus loin la théorie.

EXERCICES D'APPLICATION.

16° Trouver le terme inconnu de la proportion arithmétique
$$8 . 5 : 24 . x.$$
17° Trouver le terme inconnu de la proportion arithmétique
$$9 . x : 12 . 27.$$
18° Trouver le terme inconnu de la proportion arithmétique
$$5\frac{3}{4} . 9 : 12\frac{5}{7} . x.$$
19° Trouver la moyenne arithmétique entre 9 et 35.

20° Trouver la moyenne arithmétique entre $\frac{1}{2}$ et $\frac{4}{5}$.

21° Trouver le terme inconnu de la proportion géométrique
$$36 : 9 :: 48 : x.$$
22° Trouver le terme inconnu de la proportion géométrique
$$45 : x :: 12 : 4.$$
23° Trouver le terme inconnu de la proportion géométrique
$$2\frac{3}{4} : 5\frac{7}{8} :: \frac{7}{12} : x.$$
24° Trouver la moyenne géométrique entre 16 et 144.

25° Trouver la moyenne géométrique entre $\frac{4}{9}$ et $\frac{16}{625}$.

HUITIÈME LEÇON.

PROGRESSIONS.

On appelle *progression* une série de termes tels que le rapport de chacun d'eux au précédent est constant ; la progression est dite *arithmétique* ou *par différence* si le rapport constant est *arithmétique* ou *par différence ;* elle est dite *géométrique* ou *par quotient* si le rapport constant est *géométrique* ou *par quotient*. Le rapport constant s'appelle aussi *raison*. La progression est dite *croissante* quand les termes vont en augmentant à partir du premier ; elle est *décroissante* dans le cas contraire.

Comme on peut renverser la progression, c'est-à-dire faire du dernier terme le premier, de l'avant-dernier le second, etc., on pourra indifféremment supposer la raison croissante ou décroissante ; dans nos raisonnements nous la supposerons croissante et cela n'ôtera rien à leur généralité.

Pour mieux faire sentir l'analogie qui existe entre les deux espèces de progressions, après avoir traité une question sur les progressions arithmétiques, nous traiterons son analogie sur les progressions géométriques en employant les mêmes expressions.

MANIÈRE D'ÉCRIRE ET D'ÉNONCER UNE PROGRESSION.

On écrit une progression en écrivant tous les termes les uns à la suite des autres et en les séparant par un point pour les progressions arithmétiques, par deux pour les progressions géométriques, puis en mettant le signe ÷ devant la première et le signe ∺ devant la seconde.

On énonce une progression quelconque en énonçant successivement tous les termes à partir du premier en les séparant par *est à*. — Ainsi la progression

$$\div\ a\ .\ b\ .\ c\ .\ d\ .\ e\ .\ f\ .\ g$$

est une progression arithmétique ; la progression

$$∺\ a : b : c : d : e : f : g$$

est une progression géométrique, et toutes deux s'énoncent : a est à b est à c est à d est à e, etc.

Dans toute progression arithmétique, un terme quel-

conque est égal au premier augmenté de la raison prise autant de fois qu'il y a de termes avant lui.

Appelons a, b, c, d, etc., les termes successifs d'une progression arithmétique dont la raison est r; d'après la définition, on a $b = a + r$, $c = b + r$, et, en mettant à la place de b sa valeur $a + r$, on a $c = a + r + r = a + 2r$; pour le terme d qui en a trois avant lui, on a $d = c + r$ et comme $c = a + 2r$, $d = a + 2r + r = a + 3r$, et ainsi de suite.

Et en général, si l'on considére le terme qui en a n avant lui, on aura pour la valeur de ce terme $a + nr$.

On démontrerait tout-à-fait de la même manière que *dans toute progression arithmétique, chaque terme est égal au dernier diminué d'autant de fois la raison qu'il y a de termes après lui*, et par conséquent que si l est le dernier terme, celui qui en a nr après lui sera exprimé par :

$$l - nr.$$

Dans toute progression géométrique, un terme quelconque est égal au premier multiplié par la raison élevée à une puissance marquée par le nombre des termes qui sont avant lui.

Appelons a, b, c, d, etc., les termes successifs d'une progression géométrique dont la raison est q; d'après la définition on a $b = a \times q$, $c = b \times q$, et, en mettant à la place de b sa valeur $a \times q$, on a $c = a \times q \times q = a \times q^2$; pour le terme d qui en a trois avant lui, on a $d = c \times q$, et comme $c = a \times q^2$, $d = a \times q^2 \times q = a \times q^3$ et ainsi de suite.

Et en général, si l'on considère le terme qui en a n avant lui, on aura pour la valeur de ce terme :

$$a \times q^n.$$

On démontrerait tout-à-fait de la même manière que *dans toute progression géométrique, chaque terme est égal au dernier divisé par la raison élevée à une puissance marquée par le nombre des termes qui sont après lui*, et par conséquent que si l est le dernier terme, celui qui en a n après lui sera exprimé par :

$$a : q^n \text{ ou } \frac{a}{q^n}$$

D'après ce qui précède, si l'on a une progression arithmétique dont le premier terme est a, la raison r et le nombre des termes n, on pourra écrire cette progression de la manière suivante :

$$\div\ a \cdot a + r \cdot a + 2r \cdot a + 3r \cdot \ldots\ldots \cdot a + (nl)\ r.$$

et si le premier terme est nul,

$$\div\ 0 \cdot r \cdot 2r \cdot 3r \cdot \ldots\ldots \cdot (nl)\ r.$$

Et si l'on a une progression géométrique dont le premier terme est a, la raison q et le nombre des termes n, on pourra écrire cette progression de la manière suivante :

$$\because\ a : a \times q : a \times q^2 : a \times q^3 : \ldots\ldots : a \times q^{n-1},$$

et si le premier terme est l'unité,

$$\because\ 1 : q : q^2 : q^3 : \ldots\ldots : q^{n-1}.$$

Et l'on peut remarquer que dans cette dernière progression, l'exposant de la raison est précisément égal au multiplicateur du terme correspondant de la progression arithmétique analogue.

Dans toute progression arithmétique, la somme de deux termes également éloignés des extrêmes est égale à la somme des extrêmes.

Soit a le premier terme d'une progression arithmétique et l le dernier, si l'on considère le terme qui en a n avant lui et celui qui en a n après lui, nous savons que, la raison étant r, ces deux termes seront représentés par $a + nr$ et $l - nr$; si l'on ajoute ensemble ces deux termes, on obtient :

$$a + nr + l - nr = a + l \quad c. q. f. d.$$

Dans toute progression géométrique, le produit de deux termes également éloignés des extrêmes est égal au produit des extrêmes.

Soit a le premier terme d'une progression géométrique et l le dernier; si l'on considère le terme qui en a n avant lui et celui qui en a n après lui, nous savons que, la raison étant r, ces deux termes sont représentés par $a \times q^n$ et $\frac{l}{q^n}$; si l'on multiplie ces deux termes l'un par l'autre, on obtient :

$$a \times q^n \times \frac{l}{q^n} = a \times l \qquad c. q. f. d.$$

Dans toute progression arithmétique, la somme de tous les termes est égale à la moitié de la somme des extrêmes multipliée par le nombre des termes.

Soit la progression arithmétique de n termes :

$$\div\ a \cdot b \cdot c \cdot d \ \ldots\ldots\ g \cdot h \cdot k \cdot l.$$

En appelant s la somme, on aura :

$$s = a + b + c + d + \ldots\ldots + g + h + k + l.$$

Et en écrivant les termes dans un ordre inverse :

$$s = l + k + h + g + \ldots\ldots + d + c + b + a.$$

En ajoutant ces deux égalités membre à membre, on obtient :

$$2s = (a+l) + (b+k) + (c+h) + \ldots\ldots + (h+c) + (k+b) + (l+a)$$

Or, en remarquant tous ces groupes de deux termes, on voit qu'on a partout la somme de deux termes également éloignés des extrêmes, et par conséquent une somme égale à la somme des extrêmes ; et, comme il y a autant de groupes qu'il y a de termes dans la progression, n fois la somme des extrêmes forme le double de la somme des termes, donc :

$$2s = (a + l) \times n$$

$$\text{d'où } s = \frac{(a + l) \times n}{2} \quad c.\ q.\ f.\ d.$$

Dans toute progression géométrique, le produit de tous les termes est égal à la racine carrée du produit des extrêmes élevé à une puissance marquée par le nombre des termes.

Soit la progression géométrique de n termes :

$$\div\!\div a : b : c : d : \ldots\ldots : g : h : k : l.$$

En appelant p le produit, on aura :

$$p = a \times b \times c \times d \times \ldots\ldots \times g \times h \times k \times l$$

et en écrivant les facteurs dans un ordre inverse :

$$p = l \times k \times h \times g \times \ldots\ldots \times d \times c \times b \times a.$$

En multipliant ces deux égalités membre à membre, on obtient :

$$p^2 = a \times l \times b \times k \times c \times h \times \ldots\ldots \times h \times c \times k \times b \times l \times a.$$

Or, en remarquant tous ces groupes de deux facteurs,

on voit qu'on a partout le produit de deux termes également éloignés des extrêmes, et par conséquent un produit égal au produit des extrêmes; et, comme il y a autant de groupes qu'il y a de termes dans la progression, le produit des extrêmes pris n fois comme facteur, c'est-à-dire élevé à la puissance n, forme le carré du produit des termes, donc :

$$p^2 = (a \times l)^n$$

$$\text{d'où } p = \sqrt{(a \times l)^n} \quad c.\ q.\ f.\ d.$$

NEUVIÈME LEÇON.

Dans toute progression arithmétique, chaque terme est égal à un terme précédent augmenté de la raison répétée autant de fois qu'il y a de termes intermédiaires plus un.

Soient a le premier des deux termes, b le second, n le nombre des termes intermédiaires et r la raison; en considérant a comme le premier terme de la progression, on voit que b sera précédé de a plus des n termes intermédiaires, c'est-à-dire de $n + 1$ termes; donc d'après un principe précédent

$$b = a \times (n + 1)\, r \quad c.\ q.\ f.\ d.$$

Il résulte de ce principe que si dans une progression arithmétique, on supprime tous les termes en ne conservant que ceux qu'on trouve en les comptant de n en n, les termes restants formeront encore une progression arithmétique, car chaque terme surpassera toujours le précédent d'une quantité constante.

Dans toute progression géométrique, chaque terme est égal à un terme précédent élevé à une puissance marquée par le nombre des termes intermédiaires plus un.

Soient a le premier des deux termes, b le second, n le nombre des termes intermédiaires et r la raison ; en considérant a comme le premier terme de la progression, on voit que b sera précédé de a plus des n termes intermédiaires, c'est-à-dire de $n + 1$ termes ; donc d'après un principe précédent :

$$b = a \times q^{n+1} \quad c.\ q.\ f.\ d.$$

Il résulte de ce principe que si dans toute progression géométrique, on supprime tous les termes en ne conservant que ceux qu'on trouve en les comptant de n en n, les termes restants formeront encore une progression géométrique ; car chaque terme sera toujours égal au précédent multiplié par une quantité constante.

PROBLÈME. Insérer n moyens arithmétiques entre deux nombres donnés a et b.

Il suffit évidemment de connaître la raison. — Supposons que cette raison soit connue et désignons-la par r ; d'après un théorème précédent, on aura :

$$b = a + r\ (n + 1)$$

on tire de cette égalité :

$$r\ (n + 1) = b - a$$

$$\text{et} \quad r = \frac{b - a}{n + 1}$$

Donc, pour insérer un certain nombre de moyens arithmétiques entre deux nombres, il suffit de diviser la diffé-

rence des deux nombres donnés par le nombre des termes à insérer plus un, et l'on obtient ainsi la raison.

Il résulte de là que, si entre tous les termes consécutifs d'une progression arithmétique, on insère le même nombre de moyens arithmétiques, les résultats formeront encore une progression arithmétique, car la différence de ces nombres consécutifs étant constante, les raisons qu'on obtiendra pour toutes les progressions partielles seront les mêmes, et d'ailleurs le dernier terme de chacune d'elles sera le premier terme de la suivante.

PROBLÈME. Insérer n moyens géométriques entre deux nombres donnés a et b.

Supposons que la raison soit connue et désignons-la par q; d'après un théorème précédent, on aura :

$$b = a \times q^{n+1}$$

On tire de cette égalité

$$q^{n+1} = \frac{b}{a}.$$

Si la $(n + 1)^{\text{ième}}$ puissance de la raison est égale à $\frac{b}{a}$, pour avoir la raison, il suffira évidemment d'extraire la racine $(n + 1)^{\text{ième}}$ de $\frac{b}{a}$, donc :

$$q = \sqrt[n+1]{\frac{b}{a}}.$$

Donc, *pour insérer un certain nombre de moyens géométriques entre deux nombres, il suffit d'extraire du quotient des deux nombres donnés une racine dont l'indice est marqué par le nombre des termes à insérer plus 1, et l'on obtient ainsi la raison.*

On conclut de là comme pour les progressions arithmétiques que, si entre tous les termes consécutifs d'une progression géométrique, on insère le même nombre de moyens géométriques, les résultats formeront encore une progression géométrique.

OBSERVATION. Jusqu'ici nous avons traité des questions qui se trouvent dans les deux espèces de progressions avec une entière analogie; mais comme l'addition et la soustraction sont des opérations qui dans les progressions géométriques n'ont pas d'opérations correspondantes dans les progressions arithmétiques, la question suivante est toute particulière aux progressions géométriques.

SOMME DES TERMES D'UNE PROGRESSION GÉOMÉTRIQUE.

Soit une progression géométrique

$$\div\!\div\ a : b : c : d : \ldots\ldots : f : g : k : l$$

et soit q la raison, de telle sorte qu'on ait $b = a \times q$, $c = b \times q \ldots\ldots k = g \times q$, $l = k \times q$. — Appelons s la somme des termes de cette progression, nous aurons :

$$s = a + b + c + d + \ldots\ldots + f + g + k + l.$$

Si nous multiplions les deux membres de cette égalité par la raison, nous aurons :

$$s \times q = a \times q + b \times q + c \times q \ \ldots\ldots + g \times q + k \times q + l \times q.$$

ou ce qui revient au même :

$$s \times q = b + c + d + \ldots\ldots + k + l + l \times q.$$

Si l'on retranche la première égalité de cette dernière, membre à membre, on aura

$$s \times q - s = l \times q - a$$

$$\text{ou } s \times (q - 1) = l \times q - a$$

$$\text{d'où} \qquad s = \frac{l \times q - a}{q - 1}$$

Donc on obtiendra la somme des termes d'une progression géométrique en retranchant le premier terme du produit du dernier par la raison et en divisant la différence par la raison diminuée d'une unité.

EXERCICES D'APPLICATION.

26° Une personne a 16 paiements à faire en 16 mois : le premier mois elle paie 150 fr.; le second, 50 fr. de plus et ainsi de suite ; on demande :

1° Ce qu'elle doit payer le dernier mois.

2° Ce qu'elle paiera en tout.

27° Une personne a 10 paiements à faire en 10 mois : le premier mois elle paie 150 fr., et chaque mois elle paie le double du mois précédent ; on demande :

1° Ce qu'elle doit payer le dernier mois.

2° Ce qu'elle paiera en tout.

28° Une personne voudrait acquitter une dette de 1750 fr. en dix paiements dont le premier serait de 80 fr. et dont tous les autres iraient en augmentant toujours de la même quantité ; quelle doit être cette augmentation successive ?

29° On a donné 187f, 50c à un ouvrier pour avoir creusé un puits. On lui a donné 1fr 50 pour le premier mètre de profondeur, 2fr pour le second, et ainsi de suite en augmentant de 0,50c par mètre. — On demande quelle est la profondeur de ce puits?

30° La somme des termes d'une progression arithmétique est 15400, le dernier terme est 262 et le nombre de ces termes est 88. — On demande quel est le premier.

31° Quelle est la somme des 200 premiers nombres entiers?

32° Quand une pierre tombe dans le vide, elle parcourt 4m,9 dans la première seconde et à chaque seconde suivante elle parcourt 9m,8 de plus que dans la seconde précédente. — Quel chemin parcourra une pierre tombant pendant 15 secondes?

33° Quelle est la durée de la chute d'une pierre qui tombe d'une hauteur de 840m dans le vide?

34° Quel est le huitième terme d'une progression géométrique dont le premier terme est 6 et la raison 4 ?

35° Insérer vingt-cinq moyens arithmétiques entre 72 et 122.

36° Insérer deux moyens géométriques entre 26 et 291.

37° Insérer trois moyens géométriques entre 9 et 576.

38° Un maréchal-ferrant demande un centime pour le premier clou qu'il met à un fer à cheval et demande qu'on lui double toujours son prix en passant d'un clou à un clou suivant, il y a huit clous à un fer; à combien s'élève le prix demandé pour les quatre pieds d'un cheval?

39° Il y a 64 cases sur un jeu d'échec; l'inventeur de ce jeu demanda pour sa récompense qu'on lui donnât un grain de blé pour la première case, deux pour le second, 4 pour le troisième et ainsi de suite en allant toujours en doublant; on demande le nombre total de grains demandés pour tout l'échiquier?

40° Démontrer que la somme d'un nombre impair de nombres entiers consécutifs est toujours divisible par ce nombre impair.

DIXIÈME LEÇON.

LOGARITHMES.

DÉFINITION. Quand on a deux progressions, l'une par quotient commençant par l'unité, l'autre par différence commençant par 0, chaque terme de la progression par différence est appelé le *logarithme* du terme correspondant de la progression par quotient.

Ainsi dans les deux progressions suivantes :

$$\div\!\div\; 1 : q : q^2 : q^3 : \ldots\ldots : q^m : q^{m+1} \ldots\ldots : q^n.$$
$$\div\; 0 . r . 2r . 3r . \ldots\ldots . mr . (m+1)r \ldots\ldots . nr.$$

on voit que $2r$ est le logarithme de q^2, $3r$ le logarithme de q^3, et, comme il est facile de remarquer que le multiplicateur de la raison dans la progression par différence est toujours égal à l'exposant de la raison dans la progression par quotient, mr est le logarithme de q^m, nr le logarithme de q^n, etc.

Dorénavant, nous écrirons le mot logarithme en abrégé : log.

Le log. d'un produit de deux facteurs est égal à la somme des log. de ces facteurs.

Considérons deux termes quelconques q^m et q^n de la progression géométrique, et les termes correspondants mr et nr de la progression arithmétique; en faisant le produit des deux premiers, on obtient q^{m+n} qui est encore un terme de la progression géométrique, et, en faisant la somme des deux autres, on obtient $(m+n)r$, qui est encore un terme de la progression arithmétique; de plus ces deux termes se correspondent encore dans les deux progressions, de sorte que la somme $(m+n)r$ des log. de q^m et q^n est le log. de leur produit q^{m+n}. Donc : le *log. d'un produit de deux facteurs est égal à la somme des log. de ces facteurs.*

REMARQUE. Nous n'avons considéré ici que deux nombres appartenant à la progression géométrique, et l'on peut se demander si le principe serait encore vrai pour des nombres quelconques. — Or, nous n'avons fait aucune hypothèse sur la grandeur de la raison q, que l'on peut prendre aussi peu différente de l'unité qu'on voudra; d'après cela si l'on considère un terme quelconque a et le suivant $a \times q$, la différence $aq - a = a\ (q - 1)$ sera aussi petite qu'on voudra, puisque le facteur $q - 1$ est aussi petit qu'on veut; donc, puisque les termes successifs peuvent être considérés comme croissant d'une manière continue, un nombre quelconque étant donné pourra être considéré comme faisant partie de cette progression. Le principe énoncé est donc tout-à-fait général.

Le log. d'un produit de tant de facteurs qu'on voudra est égal à la somme des log. de ces facteurs.

Soit un produit de trois facteurs $a \times b \times c$; en considérant d'abord $a \times b$ comme un seul facteur, on aura d'après le principe précédent :

$$\log. a \times b \times c = \log. a \times b + \log. c.$$

Or, on peut remplacer log. $a \times b$ par log. a + log. b, donc :

$$\log. a \times b \times c = \log. a + \log. b + \log. c.$$

On passerait de la même manière à un produit de quatre facteurs et ainsi de suite.

Le log. d'un quotient est égal au log. du dividende, moins le log. du diviseur.

Soit le quotient $\frac{a}{b}$ que nous poserons égal à une quantité q; de l'égalité $\frac{a}{b} = q$ on tire $a = b \times q$, et si l'on applique à ce produit le principe précédent, on aura :

$$\log. a = \log. b + \log. q$$

d'où l'on tire

$$\log. q \text{ ou } \log. \frac{a}{b} = \log. a - \log. b.$$

Le log. d'une puissance quelconque d'un nombre est égal au log. de ce nombre multiplié par l'exposant de la puissance.

Ainsi on aura log. $a^m = m$ log. a. En effet, a^m n'est autre chose qu'un produit de m facteurs égaux à a, donc le log. de a^m est égal à la somme des log. des m facteurs égaux à a, ou à m fois le log. de a.

Le log. d'une racine quelconque d'un nombre est égal au log. de ce nombre divisé par l'indice de la racine.

Ainsi on aura $\log. \sqrt[m]{a} = \frac{\log. a}{m}$. En effet, soit r la valeur de $\sqrt[m]{a}$, d'où $\sqrt[m]{a} = r$; en élevant les deux membres à la $m^{\text{ième}}$ puissance, on a $a = r^m$, et, en appliquant à r^m le principe précédent, on trouve

$$\log. a = m \log. r$$

$$\text{d'où } \log. r \text{ ou } \log. \sqrt[m]{a} = \frac{\log. a}{m}$$

On voit d'après les principes précédents que si, un nombre étant donné, on pouvait trouver son log., et si, un log. quelconque étant donné, on pouvait trouver le nombre correspondant, au lieu d'avoir à faire des multiplications, on aurait à faire des additions, au lieu de divisions, des soustractions, au lieu d'élévations aux puissances, des multiplications, et au lieu d'extractions de racines, des divisions; ainsi au lieu d'extraire la racine 5ième d'un nombre 325648, par exemple, on diviserait par 5 son log. et en prenant le nombre correspondant à $\frac{1}{5}$ de ce log., on aurait la racine cherchée.

Lorsqu'on voudra substituer au calcul d'une expression numérique le calcul par logarithmes, il sera convenable d'indiquer préalablement toutes les substitutions de calcul à effectuer. Ainsi si l'on avait $\sqrt[5]{\frac{a^2}{b}}$, on poserait d'abord

$$\log. \sqrt[5]{\frac{a^2}{b}} = \frac{1}{5} (2 \log. a - \log. b.)$$

de même si l'on avait $\sqrt[4]{\frac{a\sqrt[3]{a^2b}}{b^3}}$, on poserait successivement :

$$\text{Log.}\sqrt[4]{\frac{a\sqrt[3]{a^2b}}{b^3}} = \frac{1}{4}\left(\text{log. } a^3 + \text{log. } \sqrt[3]{a^2b} - \text{log. } b^3\right)$$

$$= \frac{1}{4}\left[3 \text{ log. } a + \frac{1}{3}(\text{log. } a^2 + \text{log. } b) - 3 \text{ log. } b.\right]$$

$$= \frac{1}{4}\left(3 \text{ log. } a + \frac{2}{3} \text{ log. } a + \frac{1}{3} \text{ log. } b - 3 \text{ log. } b\right)$$

$$= \frac{1}{4}\left(\frac{11}{3} \text{ log. } a - \frac{8}{3}\right) \text{log. } b = \frac{1}{12}\left(11 \text{ log. } a - 8 \text{ log. } b.\right)$$

Ainsi pour calculer par log. l'expression $\sqrt[4]{\frac{a\sqrt[3]{a^2b}}{b^3}}$, il suffit de chercher le log. de a, le log. de b, de multiplier le premier par 11, le second, par 8, et de retrancher le second produit du premier ; la différence divisée par 12 donnera le log. du nombre cherché.

EXERCICES D'APPLICATION.

41° Indiquer les opérations logarithmiques à effectuer pour trouver les valeurs des expressions suivantes :

1° $\sqrt[5]{a^2b^3c}$

2° $\sqrt[6]{\frac{a^2b}{c^3}}$

3° $\sqrt[7]{\frac{ab\sqrt{c}}{c}}$

4° $\sqrt[5]{\frac{a\sqrt[3]{b^7c}}{b\sqrt{ac^3}}}$

5° $\sqrt[6]{\frac{a^2b^3}{\sqrt{c}}} \times \sqrt{a^3b^3}$

6° $\frac{\sqrt[8]{a^2b^3\sqrt[3]{c^2}}}{\sqrt{a^3bc^3}}$

7° $\sqrt[4]{\frac{a^6b^2\sqrt{\frac{a^3}{c}}}{\sqrt{a^3}\times\sqrt[4]{\frac{b^2}{c^3}}}}$

ONZIÈME LEÇON.

Pour que les logarithmes aient une utilité réelle, il faut, lorsqu'on donnera un nombre quelconque, qu'on puisse trouver facilement son log., et réciproquement qu'on puisse trouver le nombre correspondant à un log. donné. — Comme, presque toujours, le calcul d'un log. est excessivement long, il faut donc que l'on ait des tables calculées à l'avance et qui permettent de faire rapidement cette double recherche.

Nous allons parler de la construction des tables usuelles, et nous indiquerons en particulier l'usage des tables de De Lalande qui sont à la disposition des écoles régimentaires.

Dans les tables usuelles, les progressions employées sont les suivantes :

$$\div\div 1 : 10^{(1)} : 100 : 1000 : 10000. \ldots$$
$$\div 0 . 1 . 2 . 3 . 4 \ldots$$

En supposant qu'entre deux termes consécutifs des deux progressions, on insère un nombre suffisant de moyens pour que tout nombre donné puisse être considéré comme faisant partie de la progression géométrique, et tout log. donné comme faisant partie de la progression arithmétique.

Ce système a l'avantage de faire connaître immédiatement la partie entière d'un log. — En effet, tout nombre compris entre 1 et 10, c'est-à-dire tout nombre ayant un seul chiffre à sa partie entière, a son log. compris entre 0 et 1, c'est-à-dire a 0 pour partie entière; tout nombre compris entre 10 et 100, c'est-à-dire tout nombre

(1) La base d'un système de log. est le terme de la progression géométrique qui a pour log. l'unité. — Ainsi la base du système considéré est 10.

ayant deux chiffres à sa partie entière a son log. compris entre 1 et 2, c'est-à-dire a 1 pour partie entière; tout nombre compris entre 100 et 1000, c'est-à-dire ayant trois chiffres à sa partie entière, a son log. compris entre 2 et 3, c'est-à-dire a 2 pour partie entière, et ainsi de suite; on voit donc que le log. d'un nombre quelconque a autant d'unités à sa partie entière qu'il y a de chiffres moins un dans la partie entière de ce nombre. Cette partie entière du log. s'appelle *caractéristique*.

Un autre avantage de ce système de log., c'est que, lorsqu'on connaît le log. d'un nombre, on peut connaître immédiatement le log. de ce nombre multiplié ou divisé par telle puissance de 10 que l'on veut.

Supposons, par exemple, que l'on connaisse le log. d'un nombre A, si l'on veut trouver le log. de $A \times 10^5$, on remarquera qu'on a

$$\log A \times 10^5 = \log. A + 5 \log. 10$$

et comme $\log. 10 = 1$, on a :

$$\log. A \times 10^5 = \log. A + 5.$$

Il suffit donc d'ajouter au log. A autant d'unités qu'il y en a dans la puissance de 10, et cette augmentation se fait en ajoutant simplement l'exposant de 10 à la caractéristique.

Si l'on avait à diviser A par 10^5, on aurait eu également

$$\log. \frac{A}{10^5} = \log. A - 5 \log. 10 = \log. A - 5$$

c'est-à-dire que quand on divise un nombre par une puissance quelconque de 10, la caractéristique de son log. diminue d'autant d'unités qu'il y en a dans l'exposant de la puissance.

Remarquons que dans ce dernier cas, on peut être conduit à retrancher un nombre entier d'un nombre entier plus faible, comme par exemple, 8 à retrancher de 5. — Si sur les huit unités à retrancher, on en retranche d'abord cinq, il ne restera rien, et l'on aura encore trois à retrancher, de sorte que le reste sera de trois unités inférieur à 0; ce résultat s'appelle nombre négatif et on l'exprime en mettant — devant le nombre. Ainsi nous écrirons $5 - 8 = -3$.

Ajoutons que si un log. se compose d'une partie entière et d'une partie décimale, lorsqu'on retranche un certain nombre entier à sa caractéristique, comme on ne touche pas à la partie décimale, il n'y a que la partie entière ou la caractéristique qui puisse devenir négative; on dit alors que le log. est à caractéristique seule négative, et alors pour que le signe — ne porte que sur cette caractéristique, on l'écrit au-dessus de la manière suivante : $\overline{3},54892$.

On peut aussi considérer des log. entièrement négatifs, mais comme l'usage en est incommode et qu'il est toujours possible de les éviter, il n'en sera pas question dans cet ouvrage.

USAGE DES TABLES.

Les tables de log. donnent les log. des nombres entiers consécutifs depuis 1 jusqu'à une certaine limite plus ou moins reculée suivant le degré d'exactitude qu'elles doivent donner dans les calculs. Dans tous les cas, on peut s'en servir pour trouver avec une certaine approximation les log. de tous les nombres et pour trouver les nombres correspondants à tous les log. donnés.

RECHERCHE DU LOG. D'UN NOMBRE DONNÉ. 1° Si l'on a à chercher le log. d'un nombre entier inférieur à la limite des tables, en suivant la série naturelle des nombres dans ces tables, on arrivera facilement au nombre donné, et à sa droite on lira son log.

2° Si le nombre donné contient outre cette partie entière, une partie décimale quelconque, on verra dans les tables combien il faut ajouter au log. de la partie entière pour obtenir le log. du nombre entier suivant ; il sera facile d'en déduire alors ce qu'il faut ajouter pour la partie décimale jointe au nombre entier (1).

3° Si le nombre donné est un nombre entier ou décimal supérieur à la limite des tables, on prendra à la gauche du nombre, le plus grand nombre possible inférieur à la limite des tables, on cherchera son log. en ayant égard à la partie décimale qu'on a séparée, puis on augmentera la caractéristique d'autant d'unités qu'on sera obligé de reculer la virgule de rangs vers la droite pour reproduire le nombre proposé. — Car, pour passer du nombre considéré pour la recherche dans les tables, au nombre proposé, il suffit de le multiplier par une puissance de 10, marquée par le nombre de rangs dont on doit transporter la virgule.

4° Si l'on a un nombre décimal quelconque inférieur à la limite des tables, on cherchera le log. du nombre, abstraction faite de la virgule, puis on diminuera la caractéristique d'autant d'unités qu'il y en aura dans l'exposant de la puissance de 10, par laquelle on devra diviser ce nombre entier pour revenir au nombre décimal proposé.

5° Si l'on a à chercher le log. d'un nombre fractionnaire

(1) On établit ainsi une proportion entre les différences des nombres et les différences de leurs log. Cette proportion n'est pas exacte et elle l'est d'autant moins qu'on opère sur de plus petits nombres. — On n'a donc les log. qu'avec une certaine approximation, et, pour que cette approximation soit la plus grande possible, il conviendra de chercher toujours les log. en prenant à gauche du nombre donné la plus grande partie entière possible, inférieure à la limite des tables, en n'ayant pas égard à la virgule si le nombre donné est décimal.

quelconque, il suffira de le convertir en un nombre décimal équivalent, puis d'opérer comme dans l'un des cas précédents.

UN LOG. ÉTANT DONNÉ, TROUVER LE NOMBRE CORRESPONDANT. Quelle que soit la caractéristique donnée, on cherchera dans les tables le log. donné, comme s'il avait la caractéristique la plus forte des tables, sauf à diviser ou à multiplier ensuite le nombre trouvé par une puissance de 10 dont l'exposant sera égal au nombre des unités dont on aura augmenté ou diminué la caractéristique. Cela posé, 1° si l'on trouve dans les tables le log. proposé, on lira à gauche le nombre correspondant; 2° si le log. proposé ne se trouve pas exactement dans les tables, on cherchera les deux log. consécutifs qui le comprennent, et alors le nombre cherché sera le nombre entier correspondant au plus petit log. suivi d'une certaine partie décimale. Pour trouver cette partie décimale, on lit dans la table la différence des log. qui comprennent le log. donné, différence qui correspond à une augmentation de une unité à la partie entière; on calculera ensuite la différence qui existe entre le log. donné et le plus petit des deux précédents, et l'on cherchera combien pour cette différence, on devra ajouter à la partie entière trouvée.

Ce que nous venons de dire s'applique à toutes les tables construites d'après le système dont la base est 10. Nous allons maintenant traiter des exemples particuliers, en faisant usage des tables de De Lalande, construites avec cinq décimales et donnant les log. des nombres entiers depuis 1 jusqu'à 10000.

RECHERCHE DES LOG. AU MOYEN DES TABLES DE DE LALANDE. — 1° Trouver le log. d'un nombre 5648.

Ce nombre étant inférieur à la limite des tables, on trouve immédiatement pour son log. 3,75189, donc :

log. 5648 = 3,75189.

2° Trouver le log. du nombre 5648,74.

On voit dans les tables que pour passer du log. de 5648 à celui de 5649, il faut ajouter huit unités au dernier chiffre de la partie décimale; combien faudra-t-il ajouter pour passer au log. du nombre 5648,74, qui surpasse 5648 de 0,74. Si pour 1 on ajoute 8, pour 0,74, on ajoutera $8 \times 0,74 = 5,92$ ou 6, en ne tenant compte que de la partie entière la plus approchée, on aura donc :

$$\begin{array}{r} 3,75189 \\ +\ 6 \\ \hline \text{log. } 5648,74 = 3,75195 \end{array}$$

3° Soit proposé de trouver le log. du nombre 564874.

Ce nombre étant supérieur à la limite des tables, on cherchera le log. du nombre 5648,74 qu'on obtient en séparant sur sa gauche par une virgule, le plus grand nombre inférieur à cette limite; le log. du nombre correspondant est 3,75195, et, comme celui du nombre proposé ne diffère de celui-là que par la caractéristique qui doit être 5 au lieu de 3, on aura pour le log. du nombre donné :

log. 564874 = 5,75195.

De même si l'on avait demandé le log. du nombre 56487,4, on aurait trouvé :

log. 56487,4 = 4,75195.

4° Soit proposé de chercher le log. du nombre 56,4874.

On cherchera d'abord le log. de 5648,74 dont la partie

décimale est la même, et comme la caractéristique doit être 1, on aura pour le log. demandé :

$$\log.\ 56{,}4874 = 1{,}75195.$$

Si l'on demande le log. de 0,0564874, on cherchera de même le log. de 5648,74, et comme pour passer de ce nombre au nombre proposé, il faut reculer la virgule de cinq rangs vers la gauche, c'est-à-dire le diviser par 10^5, on diminue de cinq unités la caractéristique du log. trouvé ; et observant que 3 — 5 = — 2, on aura :

$$\log.\ 0{,}0564874 = \overline{2}{,}75195.$$

On peut remarquer que la caractéristique entièrement négative est le nombre qui marque le rang du premier chiffre significatif dans le nombre décimal correspondant.

5° Soit proposé de chercher le log. de la fraction $\frac{8}{27}$.

Si l'on convertit cette fraction en un nombre décimal équivalent, on trouve $\frac{8}{27} = 0{,}296296$.

En appliquant à ce nombre la règle qui vient d'être indiquée, on trouve :

$$\log.\ \frac{8}{27} = \log.\ 0{,}296296 = \overline{1}{,}47172.$$

DOUZIÈME LEÇON.

TROUVER AU MOYEN DES TABLES DE DE LALANDE, LE NOMBRE CORRESPONDANT A UN LOG. DONNÉ.

1° Soit proposé de trouver le nombre correspondant au

log. 3,77822. — Ce log. se trouve dans les tables, et à gauche on trouve 6001 pour le nombre correspondant.

Si l'on demande le nombre correspondant au log. 2,77822, on cherchera de même dans les tables comme si la caractéristique était 3, seulement le résultat doit être divisé par 10, puisque la caractéristique est inférieure d'une unité à celle du log. cherché; on a donc :

$$2,77822 = \text{log. } 600,1.$$

De même, si l'on a 5,77822, on cherchera encore dans les tables, comme si la caractéristique était 3; seulement le nombre correspondant doit être multiplié par 100; on aura donc :

$$5,77822 = \text{log. } 600100.$$

Enfin si l'on demande le nombre correspondant au log. $\overline{2}$,77825, on cherchera encore dans les tables le même log. 3,77822; seulement comme la caractéristique au lieu d'être 3 est — 2 qui est inférieur à 3 de cinq unités, le résultat doit être divisé par 10^5 ou 100000; on aura donc pour le nombre cherché :

$$\overline{2},77822 = \text{log. } 0,06001.$$

2° Soit proposé de chercher dans les tables le nombre correspondant au log. 3,77825.

Ce log. ne se trouve pas exactement dans les tables, il est compris entre 3,77822 et 3,77830; le nombre cherché est donc compris entre les nombres correspondants 6001 et 6002, il est donc égal à 6001 augmenté d'une certaine fraction. — Dans les tables, on trouve que le log. de 6002 surpasse celui de 6001 de huit unités décimales de la plus petite espèce, puisque le log. proposé surpasse le log. de 6001 de trois de ces mêmes unités; nous dirons : Si pour

8 de différence entre les log., on a 1 de différence entre les nombres, quelle sera la différence des nombres, correspondant à 3 de différence entre les log. — Pour 1 la différence serait $\frac{1}{8}$, pour 3 elle sera $\frac{3}{8}$ ou 0,375 ; le nombre cherché est donc 6001,375 ou

$$3,77825 = \log.\ 6001,375.$$

Si l'on avait proposé de trouver le nombre correspondant au log. 2,77825, en raisonnant comme précédemment, on aurait trouvé :

$$2,77825 = \log.\ 600,1375.$$

Si l'on avait donné 5,77825, on aurait trouvé de même

$$5,77825 = \log.\ 600137,5.$$

Enfin pour $\overline{2},77825$, on aurait trouvé

$$\overline{2},77825 = \log.\ 0,06001375.$$

REMARQUE. Quand on voudra obtenir les nombres correspondants aux log. avec des unités décimales d'un ordre déterminé, on voit que dans certains cas, il ne sera pas nécessaire d'avoir égard à la différence qui existe entre les log. proposés et les log. immédiatement inférieurs trouvés dans les tables; ainsi dans l'exemple précédent, si l'on demandait le nombre correspondant à $\overline{2},77825$ avec des cent millièmes seulement, on se contenterait de chercher le nombre 6001 correspondant au log. tabulaire 3,77822 immédiatement inférieur au log. proposé.

USAGE DES COMPLÉMENTS.

On appelle *complément* d'un log. l'excès du nombre 10 sur ce log. — Ainsi le complément de 3,54683 est 6,45317.

Pour calculer le complément d'un log., on peut remarquer qu'il suffit de retrancher de 9 successivement tous les chiffres à partir de la gauche, jusqu'au dernier chiffre significatif qui doit être soustrait de 10. — De cette manière, lorsqu'on cherchera un log. dans les tables, on pourra écrire son complément aussi rapidement que le log. lui-même.

Pour indiquer qu'on prend le complément du log. d'un nombre, il est d'habitude de remplacer le mot log. par l'og. ou plus simplement par l'; ainsi l'5 signifie qu'on doit prendre le complément du log. de 5.

Au moyen des compléments, on peut éviter les soustractions dans les calculs logarithmiques.

Soit par exemple à retrancher le log. 2,37548 du log. 4,58963, on pourra écrire :

$$4{,}58963 - 2{,}37548 = 4{,}58963 + (10 - 2{,}37548) - 10$$

ce qui montre que pour retrancher un log. d'un autre, il suffit de lui ajouter son complément pourvu qu'on retranche 10 à la caractéristique de la somme.

REMARQUE SUR LES LOG. A CARACTÉRISTIQUE SEULE NÉGATIVE. Les calculs sur des log. à caractéristique seule négative sont quelquefois gênants et peuvent donner lieu à des erreurs ; on pourra toujours les éviter en substituant à chaque caractéristique négative, l'excès de 10 sur sa valeur absolue, pourvu qu'à la fin des calculs on tienne compte de ces dix unités ajoutées à la caractéristique.

Ainsi au lieu d'ajouter $\overline{2}$,58964 à 3,25648, on pourra considérer $\overline{2}$,58964 comme égal à 8,58964 — 10; il suffira donc d'ajouter 8,58964 et de retrancher 10 à la somme ; on aura donc pour résultat 1,84612.

Si au lieu d'avoir à ajouter $\overline{2}$,58964 à 3,25648, on avait à le retrancher, on pourrait également retrancher 8,58964, mais comme on aurait retranché dix unités de trop, il faudrait augmenter le résultat de 10; mais dans ce cas, il est mieux d'avoir recours aux compléments en remarquant que la caractéristique négative doit être ajoutée au lieu d'être soustraite.

EXERCICES.

42° Trouver les log. des nombres suivants :
32 — 728 — 8425 — 8425,65 — 842565 — 84256534 — 84,2565 — 0,842565 — 0,032 — 0,000728 — $\frac{3}{4}$ — $\frac{5}{7}$ — $\frac{254}{43}$.

43° Trouver les nombres correspondant aux log.
3,68958 — 2,68958 — 4,68958 — $\overline{1}$,68958 — $\overline{3}$,68958.
3,42697 — 2,42697 — 4,42697 — $\overline{1}$,42697 — $\overline{3}$,42697.

RÈGLES D'INTÉRÊTS COMPOSÉS.

Quand nous avons résolu les problèmes relatifs aux questions d'intérêt, nous avons supposé implicitement que chaque année la personne qui plaçait le capital retirait l'intérêt de cette somme, et alors la règle d'intérêts était ce qu'on appelle une règle d'intérêts simples. — Mais il peut se faire que les intérêts ne soient pas retirés à la fin de chaque année; ces intérêts s'ajoutent alors au capital et augmentent alors l'intérêt du capital pour l'année suivante; quand on a à considérer des intérêts s'ajoutant ainsi au capital, on dit qu'on a à traiter une question d'intérêts composés.

Comme dans les intérêts simples, il y a quatre éléments à considérer : le capital, l'intérêt, le taux et le temps. — Seulement ici au lieu de l'intérêt, nous considérerons pour plus de commodité la somme représentant le capital et l'intérêt réunis, et au lieu de considérer le taux, nous considérerons l'intérêt de 1 fr. dans un an, quantité que l'on peut facilement déduire du taux, et de laquelle on peut déduire le taux avec la même facilité.

Soit a une somme placée, soit A ce qu'elle devient au

bout de n années avec la condition que 1 fr. rapporte un intérêt r dans un an ; nous allons chercher une relation liant entr'elles ces quatre quantités, de manière que trois quelconques d'entr'elles étant communes, on puisse en déduire immédiatement la valeur de la quatrième.

Un franc rapportant r dans un an, devient $1+r$ après ce temps ; autant il y aura de francs dans une somme placée, autant au bout d'un an cette somme représentera de fois $1+r$; si donc la somme placée est a, au bout d'un an cette somme deviendra $a\ (1+r.)$

Donc pour savoir ce que devient une somme quelconque au bout d'un an, il suffit de la multiplier par $(1+r.)$

Si on laisse cette somme $a\ (1+r)$ placée encore pendant un an, pour savoir ce qu'elle devient au bout de cette année il suffira de la multiplier encore par $(1+r)$; on aura donc pour ce que devient la somme a au bout de deux ans $a\ (1+r) \times (1+r)$ ou $a\ (1+r)^2$.

On verrait de même qu'au bout de trois ans cette somme devient $a\ (1+r)^2 \times (1+r)$ ou $a\ (1+r)^3$, qu'au bout de quatre ans elle devient $a\ (1+r)^3 \times (1+r)$ ou $a\ (1+r)^4$, et en général qu'au bout de n années, elle devient $a(1+r)^n$. Si donc on représente par A ce que devient la somme a au bout de n années, intérêt et capital réunis, on aura la relation :

$$A = a \times (1+r)^n$$

ou si l'on prend les log.

$$\log.\ A = \log.\ a + n\ (1+r.)$$

Cette formule servira à résoudre les questions d'intérêts composés, quelle que soit l'inconnue du problème. — En effet, 1° on voit déjà comment on obtiendrait log. A et par suite A, si l'on donnait a, r et n.

2° Si l'on cherche a, on tire de la même formule :

$$\log. a = \log. A - n \log. (1 + r.)$$

3° Si l'on cherche n, on tire de la même formule :

$$n \log. (a + r) = \log. A - \log. a$$

$$\text{d'où} \qquad n = \frac{\log. A - \log. a}{\log. (1 + r.)}$$

4° Enfin si l'on demande r, on tire de la même formule :

$$n \log. (1 + r) = \log. A - \log. a$$

$$\text{d'ou} \quad \log. (1 + r) = \frac{\log. A - \log. a}{n}$$

On pourra donc trouver log. $(1+r)$ et par suite $(1+r)$, ou r en retranchant 1 du résultat.

EXEMPLES.

Nous allons appliquer les formules précédentes à des exemples numériques.

1° Que deviendra au bout de 7 ans, intérêt et capital réunis, la somme de 5845 fr, placée à 6 %?

6 étant l'intérêt de 100 fr. dans un an, l'intérêt de 1 fr. pendant un an, que nous avons représenté par r est égal à $0^{f},06$ et par suite $1 + r = 1,06$.

Si donc dans la formule

$$\log. A = \log. a + n \log. (1 + r)$$

on met à la place de a, de n et de $1 + r$ leurs valeurs, on trouve :

$$\log. A = \log. 5845 + 7 \log. 1,06.$$
$$\log. A = 37,6678 + 7 \times 0,022531.$$
$$\log. A = 3,76678 + 0,17517 = 3,94195$$
$$A = 8749^{fr}, 20^{c}.$$

la somme placée devient donc 8749f, 20c. — Il est facile de déduire de là l'intérêt de la somme.

2° Une somme placée pendant 7 ans à 6 % est devenue 8749f, 20c., intérêt et capital réunis ; quelle est cette somme ?

Si dans la formule

$$\log. a = \log. A - n \log. (1 + r)$$

on remplace A, n et $(1+r)$ par leurs valeurs, on trouve :

$$\log. a = \log. 8749,20 - 7 \log. 106.$$
$$\log. a = 3,94195 - 7 \times 0,02531$$
$$\log. a = 3,94195 - 0,17517 = 3,76678$$
$$a = 5845$$

3° Pendant combien de temps faut-il placer à 6 % une somme de 5845 fr, pour qu'elle devienne 8749fr, intérêt et capital réunis ?

Si dans la formule

$$n = \frac{\log. A - \log. a}{\log. (1 + r)}$$

on remplace A, a, $1 + r$ par leurs valeurs, on trouve

$$n = \frac{\log. 8749,20 - \log. 5845}{\log. 0,06.}$$

$$n = \frac{3,94195 - 5,76678}{0,02531} = \frac{0,17517}{0,02531} = 7.$$

REMARQUE. Les intérêts ne sont composés que pour un nombre exact d'années ; si donc on ne trouvait pas dans ce cas un nombre entier pour le nombre cherché, il faudrait ne prendre que la partie entière du résultat, chercher ce que deviendrait la somme placée au bout de ce nombre d'années, puis chercher la fraction d'année pendant laquelle cette dernière somme devra être placée pour devenir la somme donnée; c'est cette fraction qui, ajoutée au nombre entier trouvé, complètera le temps cherché.

4° A quel taux faut-il placer une somme de 5845 fr, pour qu'au bout de 7 ans elle devienne 8749fr, 20c, intérêt et capital réunis ?

Si dans la formule

$$\log.\ (1 + r) = \frac{\log.\ A - \log.\ a}{n}$$

on remplace A, a et n par leurs valeurs, on trouve

$$\log.\ (1 + r) = \frac{\log.\ 8749{,}20 - \log.\ 5845}{7}$$

$$\log.\ (1 + r) = \frac{3{,}94195 - 3{,}76678}{7}$$

$$\log.\ (1 + r) = \frac{0{,}17517}{7} = 0{,}02531$$

$$1 + r = 1{,}06$$

$$\text{d'où} \quad r = 0^{f}{,}06.$$

Un franc rapporte donc 0,06 dans un an, et par suite 100 fr. rapportent 6 fr.; le taux demandé est donc 6 %.

EXERCICES.

44° Que devient la somme 3000 fr., placée à 5 % au bout de 4 ans?

45° Que devient la même somme placée au même taux au bout de 4 ans 5 mois et 9 jours?

46° Quel intérêt rapporte la somme de 3000 fr., placée à 5 % au bout de 4 ans?

47° Quelle est la somme qui placée à 6 % est devenue au bout de 5 ans 5842 fr., intérêt et capital compris?

48° Pendant combien de temps faut-il placer une somme de 5842 fr. 25 pour qu'au taux de 6 % elle devienne 9428 fr., 40.

49° Pendant combien de temps faut-il placer une somme de 5842 fr., 25 pour qu'au taux de 6 % elle rapporte 3586 fr., 15 d'intérêt?

50° A quel taux faut-il placer 2845 fr., pour qu'au bout de 3 ans elle devienne 3550 fr., intérêt et capital réunis?

51° A quel taux faut-il placer 2845 fr., pour qu'au bout de 3 ans elle rapporte 605 fr. d'intérêts?

52° Au bout de combien de temps une somme placée à 5 % et à intérêts composés est-elle doublée?

53° Au bout de combien de temps une somme placée à 6 % et à intérêts composés est-elle triplée?

FIN.

ERRATA.

Pages :	Lignes :	Au lieu de :	Lisez :
54	16	12	20.
57	6	quatre premières opérations	quatre opérations fondamentales.
63	1	déci-centi	déci, centi.
74	14	n'est pas divisible	n'est divisible.
74	19	et comme	comme.
81	21	cinq ièmes	cinqu ièmes.

NOTA. Nous prions ceux de nos lecteurs qui remarqueraient d'autres fautes d'impression, de vouloir bien nous les signaler.

TABLE DES MATIÈRES.

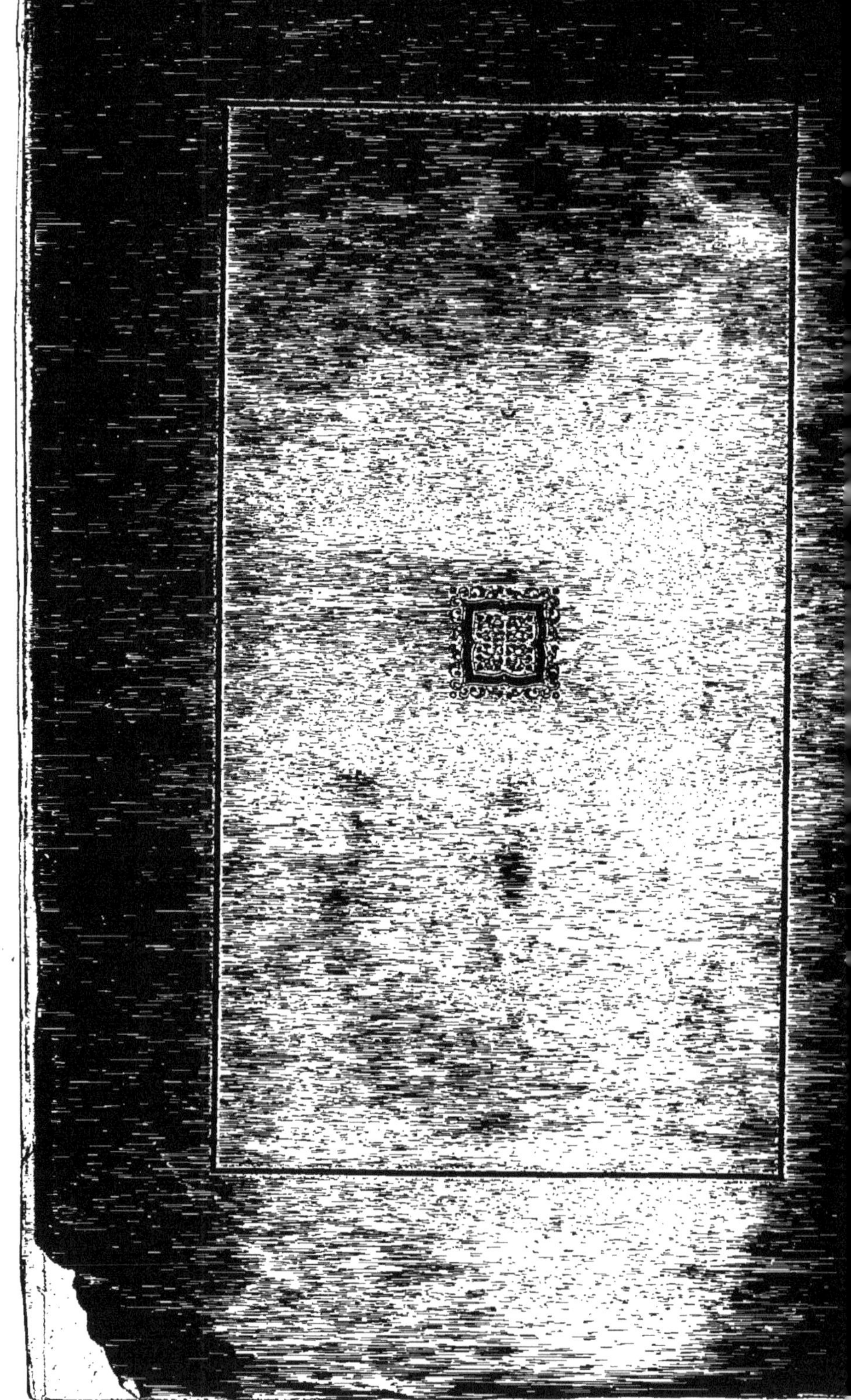

www.ingramcontent.com/pod-product-compliance
Ingram Content Group UK Ltd.
Pitfield, Milton Keynes, MK11 3LW, UK
UKHW022340090726
13658UKWH00001B/381